作って学ぶ
ニューラルネットワーク

── 機械学習の基礎から追加学習まで ──

博士（工学） 山内 康一郎 【著】

コロナ社

は　じ　め　に

　最近の人工知能技術の基本はニューラルネットワークである。ニューラルネットワークはもとは神経細胞（ニューロン）のモデルであり，古くから行われてきた神経生理学的研究と計算論的な神経細胞とそのネットワークのモデル化の研究の賜物である。

　現在の人工知能技術は，人に近づき，一部では人を超えて人が太刀打ちできないレベルにある。その学習方式には大きく分けてオフライン学習法とオンライン学習法とが存在する。オフライン学習は「十分に学んだ後で仕事をする」方式である。一方，オンライン学習は「学びながら仕事をする」方式である。実際にはオンライン学習にもさまざまな方式があるが，その多くは「学びながら仕事をする」というよりはオフライン学習を簡潔な計算で近似していると表現したほうが適切かもしれない。

　いずれにしても，あらかじめ学習用のデータが十分に存在するならばオフライン学習を使うことができて，確実な学習をさせることができる。しかし，現実には学習データは五月雨式に降ってくるほうが多いのではないだろうか。そのような場合に人工知能に学習させるには，学習済みの知識を保持しながら新しい知識を学習させる必要があり，そうしたときに後者のオンライン学習法を使うことになる。だが，オンライン学習法は基本的には過去の学習データを勘案せず，今与えられているデータだけを使って学習する方式のため，過去の記憶をすっかり忘れてしまう「破滅的忘却」問題が生じてしまうのである。

　現在の機械学習（人工知能が学習する技術）の最前線では，これを克服するために多くの研究がなされている。それらの研究が今後の機械学習システムの基幹技術となっていくであろうことは想像に難くない。本書ではこの技術の概要を初心者であっても理解できるように構成した。

　最近の人工知能は大規模なニューラルネットワークである。この巨大なネットワークを効率よく構築し，さらに効率よく学習させるために Python を基本とするライブラリ群が多用されている。このライブラリは利便性を高める一方，その内部構造は難解であり，その基本的な仕組みを理解する者は少数であるといわざるを得ない。

　質のよい人工知能を構築するには，その構造・メカニズムを深く理解することが重要である。そのために必要なのは，その数理的な知識のみならず，実際にプログラミングをしてニューラルネットワークを構築する経験であろう。これらがあって初めて，既存のライブラリをスムーズに活用できると確信する。

　このような観点から，本書ではつぎのような工夫をした。

- ニューラルネットワークの理論を理解することを読者の目的として設定した。
- ニューラルネットワークのメカニズムを説明する過程で，それを理解するのに必要な数学的知識をその場で学べるようにした。
- Python のプログラムをニューラルネットワーク専用のライブラリを使用せずに構築することで，理論と実際の動作とを結びつけられるようにした。
- 以上を踏まえたうえで，4 章で追加学習に関する理論を解説するとともに，これを PyTorch を使って記述し，これまで学んできた内容をどのようにライブラリで記述できるのかを学べるようにした。

　プログラミングを通して読者の疑問が明らかとなり，ニューラルネットワークについてさらに理解を深めるきっかけになれば幸いである。

2020 年 8 月

山内　康一郎

目　　　次

1.　人 工 知 能 と は

2.　機械学習の基礎

3.　ニューラルネットワーク

4.　追　加　学　習

1章
人工知能とは

本書は人工知能の一分野である機械学習 (1.2 節参照), 特にその中でもニューラルネットワークに関する入門書である。だが, そもそも人工知能とは何なのか？この定義を述べておく必要があろう。まずはこのことについて, 人工知能の歴史を概観しながら説明していくことにする。なお, 機械学習についての理解を早く深めたい読者はこの章を読み飛ばし, 2 章から読み進めていただいてもよい。

1.1　人工知能の定義と歴史

人工知能 (artificial intelligence, AI) という言葉は 1956 年にダートマス大学で開催された研究会「ダートマス会議」でジョン・マッカーシーによって提唱された言葉である。AI は最近特にディープニューラルネットワーク[†1] (deep neural network) の登場によって, 話題にのぼることが多くなった。しかし AI の定義は, じつのところ研究者によって微妙に異なり, 一意に決まるものではない。これについては, 文献1) に詳しくまとめられている。例えばそのうちの一つは, 「AI とはその時点で人間のほうがよりよくできることをコンピュータに行わせる方法についての研究である」(Winston (1984))[2][†2] とする。さらに別の研究者は, 「AI とは計算モデル (computational model) を利用した, 知的能力についての研究である」(Charniak ら (1985)[3]) と定義している。そのほかにも多数の定義が存在する。だがこれらの共通点をまとめて簡単にいい表

[†1]　多層 (4 層以上) のニューラルネットワーク (1.2 節, 3 章で詳述) のことを指す。また, これを用いた機械学習をディープラーニングという。

[†2]　肩付き数字は巻末の引用・参考文献の番号を表す。

すならば，つぎの二つを目指す研究であろう。

- 人間の知能と同等の能力をもつ装置を作り出す。
- 人間の知的能力のメカニズムを解明する。

「人間の知能と同等の能力をもつ装置を作り出す」研究は，**計算機**（calculator）の発明から始まったといってもよいであろう。計算機は人間の計算能力を模倣し，かつ超える正確な計算能力を得るためのものであった。当初は機械式で特定の計算しかできなかった計算機は，構成部品を電子部品（当初は真空管）による論理回路に変えて，その配線をパッチパネルで変えるだけで手軽に計算内容を変更できるようになった。この電子部品を使った最初のコンピュータが1946年に完成した ENIAC であるといわれている[4]。それとほぼ同時期にジョン・フォン・ノイマン（John von Neumann）が**プログラム内蔵方式**を提唱し，計算機に命令書に相当するプログラムを送り込むだけでその機能を簡単に変更できるようにした。これが現在の計算機の原型である。現在では，電子部品はトランジスタに置き換えられ，さらにそのトランジスタ回路が集積化された LSI に置き換えられて，超大規模になっている。だがそれでも，最新の計算機（今後本書では**コンピュータ**（computer）と記述する）は，基本的にこのプログラム内蔵方式（ノイマン型コンピュータとも呼ばれる）と変わりない仕組みを用いている[†]。

やがて人間は，コンピュータが命令書に相当するプログラムコード（これをソフトウェアと呼ぶ）さえ送り込めば望みどおりの動作をしてくれる点に着目する。そして，コンピュータをさらに使いやすく役立つものにするために，コンピュータがより人に近い知的な仕事をできるようにする研究が加速していく。

[†]　今日のコンピュータの発展の過程の詳細を説明するには，本来ならばもっと多くの紙面を必要とする。欠かすことができない要素技術はじつに多く存在し，多数の研究者や技術者の生涯をかけた努力によって構築されてきたことは記しておかねばならない。電気回路，電子回路，半導体，集積回路，論理回路，計算方式，プログラミング言語，コンパイラ，オペレーティングシステム（OS），そして本書が関連する人工知能のほか，ハードウェアとソフトウェアの技術は多数存在するが，これらの技術は今日のコンピュータの発展にとって見逃せない重要技術であり，裾野の広い技術の集積のうえに成り立っている。

　ダートマス会議の直後の AI の創成期といえる時期においては，数値のみならず記号も取り扱いが可能なコンピュータ言語 LISP が開発され，記号論的に推論を行う手法が LISP をベースとして研究され始めた。Robinson (1965) は $A \rightarrow B$（A ならば B），$B \rightarrow C$（B ならば C）が成り立つならば $A \rightarrow C$（A ならば C）が成り立つというような命題論理（真偽判定ができる文）の証明を行う有力な手法として**導出原理**（resolution principle）を提唱し，証明したい論理式を効率よく証明することができるようになった。その他，ゲームパズル，プランニングなども取り上げられ，効率よく解を探索する探索法も研究された。このような盛り上がりの中で，1950 年代から 1960 年代にかけて「20 年もすればコンピュータはチェスで世界一になれる」という研究者の予測もあった。だが研究成果の多くは，単純化された問題を取り扱っており（これをトイプロブレムと呼ぶ），人間が直面する現実世界の問題からは大きくかけ離れたものだった。

　これをもう少し現実世界の課題に近づけるべく研究されたのが，プロダクションシステムであった。プロダクションシステムは，前提条件（if 文）とアクション（THEN）で表される規則（プロダクションと呼ばれる）を多数蓄積し，設定されたゴールを実現するために，必要な規則を適用して状態を変えていく機構をもつ。このシステムはエキスパートシステムに応用された（例えば文献5））。この手法には，あらかじめ規則を準備しておく必要はなく，専門家のもつ知識をルールとしてつぎつぎと蓄積していくことで，その能力を高めることができる特徴がある。エキスパートシステムの中には商用化されたシステムも存在し，ある程度の成功を収めたといえるだろう。しかしながら，専門家の知識をルールとして蓄積する作業などに多くの人手が必要となる。さらに，どれだけ専門家の知識を蓄積しても，必ずそれだけでは解けない例外が発生する。

　以上をまとめると，「人間の知能と同等の能力をもつ装置を作り出す」アプローチでは，AI は部分的には人に似た振る舞いを実現できたとしても，それ以外の例外に対する処理ができず，人間には及ばないことが多かった。

　その一方で「人間の知的能力のメカニズムを解明する」方向では，人間に限らず生物の脳の仕組みを解明する研究が，神経生理学，解剖学，心理学を中心に

現在においても精力的に行われている。この方向の研究では，解剖学や生理学的見地からの脳機能のメカニズムの推定と，計算論的な立場から生理学的データ，解剖学的データを説明する数理モデルの構築とを行っている。

例えば目をもつ多くの生物では，網膜から脳の後頭部に神経がつながっており，目で見たものを脳で認識している。この生物の視覚情報処理を行う部分のことを，視覚系（visual system）と呼ぶことがある。視覚系の研究は古くから精力的に行われているが，1999 年から 5 年間にわたって推進された，旧科学技術庁および文部科学省の科学技術振興調整費による目標達成型脳科学研究「視覚系のニューロインフォマティックスに関する研究」プロジェクトの成果をまとめた文献6) を見るとこの研究アプローチの縮図が見えてくるであろう。このアプローチには，脳神経系の仕組みを解剖学・生理学的視点から探求する方針と，計算論的にニューロン（neuron）[†1]とそのネットワークのモデルを構築して生理学的知見との比較を行うことで脳のメカニズムの理解を進めていく方針の2 種類が存在する。解剖学・生理学的視点からのアプローチでは，脳の特定の部位に位置するニューロンが，どのような部位から神経線維の投射を受けているのか，そしてどのような刺激が与えられたときに発火[†2]するのかを調査し，その機能を推察していく。一般読者にもわかりやすい成果の一例として，文献7) が挙げられる。この研究ではサルの下側頭葉（IT 野）に，複雑な形状の物体に選択的に反応するニューロンが存在することを示しており，それがどのような特徴に反応しているのかを調査している。大脳皮質にはカラム構造が存在することが知られているが，そのカラムの中にどのような特徴選択性をもつニューロンがあるのかを明らかにしている点が興味深い。

脳の構成要素であるニューロンの振る舞いとそのモデルとして，Hodgkin-Huxley 方程式に基づくモデル[8)]が挙げられる。これはニューロンの，特定の感覚刺激に対して高い密度の電気スパイクを出す性質を数学的にモデル化したも

[†1] 本書では神経細胞のことを「ニューロン」と記す。また，神経細胞のモデルに関しても単に「ニューロン」と記すことがある。
[†2] ニューロンが高頻度なスパイク信号を発することを，発火と呼ぶ。

のである。ただし，特定の情報処理能力を説明する際には，このモデルを抽象化したものを使用することが多い。例えば，3.1節で説明する形式ニューロンモデルはよく使用されるモデルの一つである。このモデルを使用してパターンの識別に活用する初期の試みとして，Rosenblatt (1958)[9] が提唱したパーセプトロン（perceptron）という人工ニューロンが有名である。現代のディープニューラルネットワークを構成するニューロンモデルも，この形式ニューロンモデルを少し発展させたものが使われている。また視覚系の情報処理，特に入力画像の位置ずれや変形に関わらず特定のパターンを正確に認識できる能力を説明するモデルとしてネオコグニトロン[10] が挙げられる。このネットワークは現在最もよく使われている畳み込みディープニューラルネットワークの先駆けともいえるモデルである。

1.2 人工知能における機械学習とは

　機械学習は人工知能の中でどのような立ち位置にあるのか，この点を明らかにしておく必要がある。人間が普段行っている知的なタスクをコンピュータ上で実現する場合，その処理手順を決めてソフトウェアで実装せねばならない。すでに述べたように，実際のタスクをこれで実行し始めると，対処できない多くの例外的事例にほぼ確実に出くわす。その都度，その事例に見合うように処理手順を拡張していく必要があるが，これをいちいち行っているといつまでたっても最終的なプログラムが完成しないことになる。つまり，人間の知的なタスクは，あらかじめソフトウェア化できるほど簡単な法則で記述できる処理ではなく，人知を超えた複雑な法則で成り立っている可能性が高いのである。しかし，この例外事例に相当する部分も含めて学習機械が自ら**学習**（learning）し，自らその法則を覚えることを処理手順としてプログラムしておけば，あらかじめそのタスク用の手順を用意する必要がないことになる。

　そのため，この学習動作を手続きとして実現する研究が精力的に行われてきた。生物の脳を構成するニューロンを計算論的に模倣し，簡単化したモデルが

ニューラルネットワーク†である。3章で後述するように，このニューラルネットワークを使った学習手続きを使うことによって，人を超える高いパターン認識能力を得るに至っている。**機械学習**（machine learning）とは，このようなコンピュータが自ら規則を学ぶ手続きの研究がもとになって生まれてきた学習の手続きの総称である。

これまでに考案されてきた機械学習手法は非常に多く存在するが，これを似たもの同士で分類できる。文献1) での分類ではこれを 7 種類に分類しており，それらを要約すると以下のようになる。

1. **帰納学習**（inductive learning）： 教師あるいは外界から与えられた事例をもとに一般化を行うことによって抽象的な概念を帰納的に獲得する。

2. **演繹学習**（deductive learning）： すでに学習者が知識をもっており，その知識から演繹によって概念を獲得する。

3. **発見的学習**（learning by discovery）： 数値などを含む多数のデータから概念や法則を導き出す。ただし，教師は存在せず，学習者が教師なしで有用な概念を獲得することを目指す。

4. **類推学習**（analogy）： 既存の概念の中からいま求めるべき概念に類似したものを修正して新たな概念として学習する。

5. **強化学習**（reinforcement learning）： 学習者が環境に対して行為を行うことによって得られる報酬だけを頼りに，できるだけ多くの報酬が得られるような行為の決定法を学習する。

6. **事例に基づく学習**（ instance-based learning, IBL）： 過去の具体的な経験例を抽象化せずに蓄え，それらの中から現在の状況に最も近いものを類似性に基づいて取り出し，それをもとに問題解決を行う。

7. **概念形成**（concept formation）： 属性と属性値からなる例の系列から，それらの分類を自動的に行う。訓練例がどのクラスに属するのかの情報

---

† 神経ネットワーク，もしくは神経回路網をカタカナにしたものであるが，最近ではニューロンとそのネットワークのモデルの総称として使われることが多くなった。また，人工知能の代名詞的な使い方をする文献も散見される。

は一切与えられない。

　本書ではニューラルネットワークを扱うが，ニューラルネットワークをこれらの分類に当てはめると，帰納学習と事例に基づく学習の中間地点に位置すると考えられる（ニューラルネットワークは強化学習にもよく用いられる。ただし本書では強化学習は扱わない）。ここではこのことを示す最も簡単な例として，事例に基づく学習の動作原理を説明しながら，そのそれぞれの要素技術と以降の章において学ぶ必要のある基礎知識との関連について述べることにする。図 1.1 に最も簡単な学習手続きを示す。

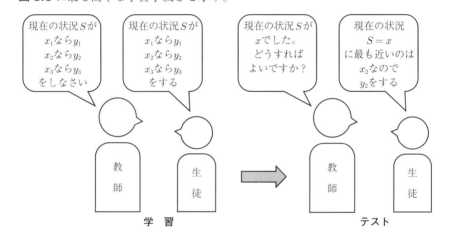

図 1.1　最も簡単な学習手続き

　図の例では，教師と生徒が居るとする。教師は生徒に，現在の状況 S が x_1，x_2，x_3 のときに，それぞれ y_1，y_2，y_3 を行うように教えたとする。その後，生徒はテストとして現在の状況 S が先生から教えられたどの状況にもぴったりとは合致しない x であることを示され，そのときにとるべき行動を問われる。すると生徒はこれまでに記憶した事例 x_1，x_2，x_3 の中から x に最も近い事例として x_2 を特定して，これに対応する行動 y_2 をとると解答する。教師がこの解答を聞いて正しければ生徒をほめるが，間違っていれば正しい解答を教える。

　ニューラルネットワークの学習法のすべてがこのような手続きを踏襲しているわけではないことに注意を払う必要はあるが，教師の示した解答例と生徒役

である学習機械が出力する解答案が異なれば，それを修正するように何らかの形で内部表現を変更する点では共通している。具体的には，ニューラルネットワークの場合は弁別課題における「識別境界面」そのものを修正するように学習するのである。

　さて，以上のような学習に必要な手続きについて考えてみよう。まず現在の状況 S が，すでに記憶している事例 x_1, x_2, x_3 のどれに近いかを判定する必要がある。一般に状況 S は，目や耳，そして場合によっては触覚などによって得られた感覚情報である（これをセンサ情報と呼ぶこともある）。このような感覚情報を工学的に表現する場合，複数の数値情報で表現する。例えば，$x_1 = [0.5, 0.1, 1.5, ...]$ のようにベクトルで表現される。そこで，このような複数の数値で表された状況 S と x_i $(i = 1, 2, \cdots)$ とがどれほど似ているのかを測る必要がある。この，どの程度似ているのかという「近さ」は一般に**距離基準**（distance metric）と定めて評価され，どのような距離基準で計測するのかはコンピュータでの状況認識の成否を決定するきわめて重要な基準となる。多くの距離基準はユークリッド距離（式 (2.2)）であるが，場合によっては不要な次元をカットする必要も生じる。この詳細は 2 章で述べる。また，教えられた事例をどのように格納するかも課題となる。直接的な手法としては，単純に事例をデータベースに蓄積することである。だが，単に貯めるだけでは，事例と事例の間の規則性は陽には表されない。人工神経回路（ニューラルネットワーク）を使用した場合，識別するべきパターン・特徴の識別境界面を記憶することになる。この詳細については，3 章で述べる。

＃ 2 章
＃ 機械学習の基礎

　パターン認識技術は，近年のディープニューラルネットワークの登場によって
その能力が飛躍的に向上した。その構造は，同じような層が多層に組み合わさっ
てできあがったもので，機械学習によってすべての機能が自動的に精緻に獲得さ
れる。つまり，人間がおのおのの層の各ニューロンに対してどのような情報処理
を行わせるかをあらかじめ決定しておく必要はなく，機械学習アルゴリズムに
よって個々の情報処理内容が自動的に決まっていくのである。その結果，人間を
も超える正確さで認識を行えるようになっている。この状況下で改めてパターン
認識の意味を理解しようとすることに対して疑問をもつ読者も多いことと思われ
る。しかしながら，機械学習の基本的な意味理解と応用を行うにあたって，この
パターン認識の数学的な意味については，最低限理解しておく必要がある。そこ
で本章ではあえて，古典的なパターン認識の枠組みを紐解き，その理解を目指す
ことにする。この章で得た知識はニューラルネットワークの構造設計段階でおお
いに役立つものと期待される。

2.1　プロトタイプとパターン認識

　プロトタイプ（prototype）とはここではお手本のことを意味する。文字認識
の場合，おのおのの文字の手本パターンを用意しておき，与えられた手書きの
文字と各文字の手本を比較して最も近いものを探せば正しい認識結果が得られ
るはずである。このような手法に基づいた最も基本的なパターン認識装置の処
理手順を図 2.1 に示す。

　パターン認識（pattern recognition）では，入力となる画像や音声がセンサ
から得られ，それがノイズ除去を施されて孤立した点などが除去された後，特

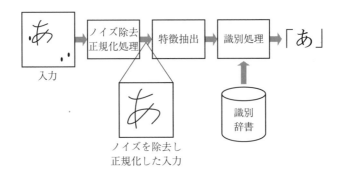

図 2.1 最も基本的なパターン認識装置の処理手順

徴抽出が行われる。例えば入力パターンが白黒画像の場合，画素一つひとつに輝度値（0：一番明るい，255：一番暗い）が割り当たっており，それが画素の数だけ存在する。つまり，100×100 画素の白黒画像であれば，その特徴は 10 000 画素の輝度値のベクトルで表すことができる。この特徴を表すベクトルは $\boldsymbol{x} = [\ 1\quad 0\quad 15\quad 150\quad \cdots\ ]^{\mathrm{T}}$ などと表現する。

　簡単のため，ノイズ除去と特徴抽出された後の特徴ベクトル $\boldsymbol{F}_p$ を考える。ここに p はパターンの違いを表すインデックスである。識別処理では特徴ベクトル $\boldsymbol{F}_p$ が，どのクラスに属するのかを判定する。図の例では，ひらがなのクラス識別をして，対応するキャラクターコードを得ることを前提としているので，この特徴ベクトルがひらがなのどれに当たるのかを判別すればよい。

　この判別にはさまざまな手法が存在する。一つはこの節で取り上げるプロトタイプ（代表的なパターン）を使う手法である。この手法は原始的ではあるものの，コンピュータの容量が大きくなった現代においては，かなり実用的に使えるものの一つである。もう一つは，現在の人工知能で主流となっている手法，すなわち識別境界そのものを獲得する手法である。識別境界を得るという意味ではどちらも共通であるが，プロトタイプを使う手法はその学習処理においてはプロトタイプを増やすだけなので，格段にシンプルである。

　プロトタイプを使う手法では，おのおののクラスに属するプロトタイプをその標準的な特徴ベクトル $\boldsymbol{t}_k$ と，対応するクラス C_k をペアにした $(\boldsymbol{t}_k, C_k)$ を識

学び直しコラム：ベクトルとは？

ベクトルとは複数の数値をひとかたまりにして表現したものである。画像などは画素それぞれに輝度値や色情報が表現されているが，これらをいちいち並べて記述するのは大変である。このような数値の並びからの処理を記述する際に，ベクトルで表してわかりやすくする方法が古くから行われており，その起源はHermann Güther Grassmann などの数学者が提案したとされている。

例えば地図上の家の位置を表すとき，地図の横方向の位置が 35，縦方向の位置が 112 だとすると，その家の位置は

$$\begin{bmatrix} 35 \\ 112 \end{bmatrix} \tag{1}$$

で表される。このように縦方向に数値を並べて表すことが慣例となっている。とはいえいちいち記述するのは大変なので，通常はアルファベットなどの文字で置き直す。

$$\boldsymbol{P} = \begin{bmatrix} 35 \\ 112 \end{bmatrix} \tag{2}$$

ただし，ベクトルは通常ボールド（太字）で表現して，普通の数値を表す場合と区別するのが慣例である。そして「家の位置をベクトル $\boldsymbol{P}$ で表す」などとシンプルに表記する。ところで，このように縦に並べて記述するベクトルのことを**縦ベクトル**（vertical vector）もしくは**列ベクトル**（column vector）と呼ぶ。また，横に並べて書くベクトルも存在し，それを**横ベクトル**（horizontal vector）もしくは**行ベクトル**（row vector）と呼ぶことがある。

このようなベクトルの中身の数値は**要素**（element）と呼ばれる。この要素は通常は記述せず，先程記述したボールドの文字で表現して議論をするが，場合によっては並べて記述する。ただ，縦ベクトル表記でこれを記述しようとすると紙面を浪費することが多いので，これをわざと横に倒してつぎのように記述することがある。

$$\boldsymbol{P} = \begin{bmatrix} 35 & 112 \end{bmatrix}^{\mathrm{T}} \tag{3}$$

ここに，T は**転置**（transportation）を表す記号である。このようなベクトルは行列の一種とみなされる。コンピュータで計算する場合，ベクトル演算のすべてが行列演算として処理される。

別辞書（本書ではプロトタイプの集合 S で辞書[†1]を表現する。すなわち $k \in S$ である）に複数個用意しておく。新しい特徴ベクトルが得られると，その特徴ベクトルと最も近いプロトタイプを辞書から探し，そのプロトタイプが属するクラスを探し，これに対応する C_k が求めるクラスとなる。つまり

$$i^* = \arg\min_{k \in S} distance(\boldsymbol{t}_k, \boldsymbol{F}_p), \tag{2.1}$$

ここに，$\arg\min\limits_{k \in S} distance(\boldsymbol{t}_k, \boldsymbol{F}_p)$ は，$distance(\boldsymbol{t}_k, \boldsymbol{F}_p)$ を最小にする $(\boldsymbol{t}_k, \boldsymbol{F}_p)$ の集合を表す。$distance(\boldsymbol{t}_k, \boldsymbol{F}_p)$ はベクトル $\boldsymbol{t}_k$ とベクトル $\boldsymbol{F}_p$ との距離を表す関数であり，さまざまな種類がある。よく用いられるのはユークリッド距離であり

$$distance(\boldsymbol{x}_1, \boldsymbol{x}_2) \equiv \|\boldsymbol{x}_1 - \boldsymbol{x}_2\|^2 \tag{2.2}$$

で表される。

プロトタイプを使った学習機械としては k 近傍を使う **k-近傍法**（k-nearest neighbor 法，k-NN 法）がよく知られている。式 (2.1) で表される手法は**最近傍法**（1-nearest neighbor 法，1-NN 法）に相当する。

最近傍法での識別境界面（線）は**図 2.2** のように，異なるクラスのプロトタイプの中でたがいに最も近いものを見つけたうえで，それらと同じ距離となる点の集合ということになる。

ここに，k-近傍学習器に保存されているプロトタイプベクトル集合を S で表そう。この中からいま与えられている未知の入力 $\boldsymbol{x}_t$ の k 近傍を探す。k 近傍に位置するベクトルの集合候補を N で表したとき，$|N| < k$ ならば $S \setminus N$[†2]の中

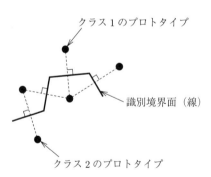

クラス 1 のプロトタイプ

識別境界面（線）

クラス 2 のプロトタイプ

図 2.2 最近傍法での識別境界面（線）

[†1]　辞書とは，言葉とそれに対応する意味を並べて集めたものであるが，プロトタイプである標準的な特徴ベクトル $\boldsymbol{t}_k$ を言葉，それに対応するクラス C_k をその意味とすると，これらを並べて集めたものも辞書といえる。

[†2]　$\setminus$ は集合演算子の一つで $A \setminus B$ は集合 A から B を除いたものを意味する。

で最も $\boldsymbol{x}$ に近いプロトタイプを探して N に加える。つまり

$$N_{\text{new}} = N_{\text{old}} \cup \left\{ i \Big| i = \arg \min_{j \in S \setminus N_{\text{old}}} \|\boldsymbol{x}_j - \boldsymbol{x}_t\|^2 \right\} \tag{2.3}$$

$|N| \geq k$ ならば，この N に含まれるプロトタイプよりも $\boldsymbol{x}_t$ に近いプロトタイプが見つかれば N の最も $\boldsymbol{x}_t$ から遠いプロトタイプと入れ替える。すなわち

$$\min_{k \in \{S \setminus N\}} \|\boldsymbol{x}_k - \boldsymbol{x}_t\|^2 < \max_{k \in N} \|\boldsymbol{x}_k - \boldsymbol{x}_t\|^2 \tag{2.4}$$

のときに

$$N = \left(N_{\text{old}} \setminus \left\{ j \Big| j = \arg \max_{i \in N_{\text{old}}} \|\boldsymbol{x}_i - \boldsymbol{x}_t\|^2 \right\} \right) \cup \left\{ i \Big| i = \arg \min_{k \in \{S \setminus N_{\text{old}}\}} \|\boldsymbol{x}_k - \boldsymbol{x}_t\|^2 \right\} \tag{2.5}$$

である。そうした後に，この k 近傍のラベルの多数決をとって解答ラベルとする。k-近傍法から得られる識別境界は，k の大きさが大きくなるほど，2.2 節で説明するベイズ識別境界に漸近することが知られている。

2.2　ベイズ識別境界

　現実のパターン認識の問題では，単一の識別境界面（線）で正解率 100% を達成できることはほぼ皆無である。例えば手書きの文字を思い浮かべてみよう。人によって書き方はまちまちであり，さまざまな位置ずれや変形を含む。このようなパターンの中には人間であっても識別が難しいパターンが存在し，「あ」と読める文字であっても，書いた本人は「お」のつもりで書いていたというケースさえある。

　現実の識別境界はきわめて曖昧であり，特徴空間上のどの位置に識別境界線（面）をもってきても，誤ってしまう文字パターンが存在する。このような場合は正解率 100% には成り得ないことになる。例として近接する二つの相異なるクラスのプロトタイプ間の識別境界線（面）について考える。**図 2.3** はベイズ

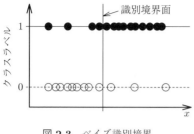

図 **2.3**　ベイズ識別境界

識別境界を表したものであり，横軸は二つのプロトタイプを通る直線上の位置 x，縦軸はそれぞれのクラスラベルを値で表してプロットしたものと仮定する。また，図の白丸，黒丸はそれぞれに属するパターンをこのグラフ上にプロットしたものである。この図は本来なら入力空間上に作られる識別境界面をその真横から眺めた図だと考えて欲しい。つまり，図の中央から垂直に描いた線は識別平面の断面が直線として見えているものとする。

　識別境界面はこの横軸のうち，二つのプロトタイプ間のちょうど中央の位置を通るわけだが，この点で区切ったとしても誤るパターンが存在することがわかる。よって，このとき最適な識別境界は，誤るパターンの個数が最小になる点ということになる。このような点のことを**ベイズ識別境界**（Bayes class boundary）と呼ぶ。

　このことをさらに詳しく見ていこう。一般にプロトタイプには非常に多くのパターンが存在するため，この例のように一つひとつ数えることは現実的ではない。そこでこれに代わる手法として確率密度関数を考える。この問題の場合，確率密度関数は 2 種類存在する。一つはこの x の位置においてクラス 1（c_1 で表す）のパターンが出現する確率密度関数 $f_{c_1}(x)$ であり，もう一つはクラス 2（c_2 で表す）のパターンが出現する確率密度関数 $f_{c_2}(x)$ である。

　いま，この二つの確率密度関数が同じ値をもつ位置を x_b とおく。

$$f_{c_1}(x_b) = f_{c_2}(x_b) \quad (2.6)$$

図 **2.4** は二つのクラスの分布の一

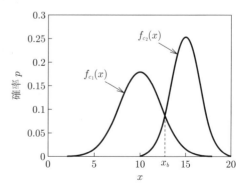

図 **2.4**　二つのクラスの分布の例

例を示したものである。

識別境界線として $x = x_b$ をとったとすると，例えば $x < x_b$ となる x に対してはクラス 1，$x \geq x_b$ となる x に対してはクラス 2 と判別される。ただし，$x < x_b$ となる x に対して $f_{c_2}(x) > 0$ となっている面積は誤り率を表している

学び直しコラム：確率密度関数

「サイコロを 1 回転がして表面の目が 1 になる確率は？」と質問されれば，1/6 と即座に答えられる人は多いだろう。これはサイコロの目の出方が 6 通りしかないからである。ちなみにサイコロの目の値は**確率変数**（random variable）と呼ばれ，X のように大文字のアルファベットで表現される。つまり，サイコロの目が 1 になる確率はつぎのように表現される：$P(X = 1) = 1/6$。しかし，確率変数が連続値をとる場合，陽には場合分けできない。

例えば，通りを走る車の速度分布を考えよう。この場合の確率変数 X は車の速度であり，X は 40 km/h の場合もあれば 40.1 km/h もありうる。そもそも速度は連続値をとるので，確率変数の値のバリエーションが無限に存在し，簡単に場合分けをして数えることができないのである。そこでこのような場合であっても確率を定義できるように，確率密度関数の概念が導入されている。例えばある確率密度関数が $g(X)$ と記述される場合，$g(X)$ にはつぎのような性質がある。

$$\int g(X)\, dX = 1 \tag{1}$$

すべての X の出現確率の積算，つまり X による全積分は 1 となる。確率密度関数を用いた確率はつぎのように定義され，X の値がある特定の範囲内にある確率：$P(a_0 \leq X \leq a_0 + \epsilon)$ という形で確率が求められる。

$$P(a_0 \leq X \leq a_0 + \epsilon) = \int_{a_0}^{a_0 + \epsilon} g(X)\, dX \tag{2}$$

この場合，確率変数がある特定の値（例えば $P(X = 40)$）のときは，範囲はゼロなので理論上確率もゼロとなることに注意しよう。

このような確率密度分布の一例として正規分布，ポアソン分布などが存在する。確率変数がスカラーの場合の平均 0，分散 1 の**正規分布**（normal distribution）は $\mathcal{N}(0, 1)$ で略記され

$$\mathcal{N}(0, 1) \equiv \frac{1}{\sqrt{2\pi}} \exp\left(-\frac{x^2}{2}\right) \tag{3}$$

で表される。

ことになる。これは $x \geq x_b$ となる x についても同様で，$f_{c_1}(x) > 0$ となる面積も誤り率である。つまり識別境界の両側において，逆のクラスの面積が誤り率を表すことに注意すると，識別境界線が x_b を少しでもずれると，識別境界線が $x = x_b$ の場合よりも誤り率が大きくなってしまう。すなわち，識別境界が $x = x_b$ のとき誤り率は最小となる。

❖ 2.3 識別境界線の表現方法 ❖

ここまでの説明では識別境界線をプロトタイプを使って表現した。だが，識別境界線の表現方法はこれだけではない。

もし識別境界線が平面で表されるならば，つぎのような平面を表す式で境界そのものを表現してもよい。

$$w_0 + w_1 x_1 + w_2 x_2 + \cdots + w_n x_n = 0 \tag{2.7}$$

この式が成り立つベクトル $\boldsymbol{x} = [x_1 \ x_2 \ \cdots \ x_n]^{\mathrm{T}}$ はこの平面上にある。したがって，この式をつぎのように表したとき，この式は識別を行う式として使用できる。

$$y[\boldsymbol{x}] \equiv \sum_{j=0}^{n} W_j x_j \tag{2.8}$$

ただし，簡単のため $x_0 = 1$ とする。つまり，例えば $y[\boldsymbol{x}] > 0$ ならば白，そうでなければ黒などと判定するのである。じつは，脳のニューロンもこのようにしてパターン認識を行っていると考えられている[†]。

もちろん，識別境界線はこのように平面的に表されるものだけではない。したがって，現実には式 (2.8) だけで識別境界を正確に表せないことには留意する必要がある。

[†]　実際のニューロンはスパイクシグナルを使って情報伝達を行っている。このスパイクシグナルがニューロンの木の枝のように伸びたスパインに伝わるタイミングが重要であるとの知見もある。この場合にはニューロンの出力式は Radial Basis Function に似た特性をもつとも考えられている[11]。

学び直しコラム：ベクトル演算

　ベクトルは複数の数値をひとかたまりにして表現する。このベクトル同士の和，差と距離，内積について復習しておこう。ベクトル同士の和，差に関しては各要素ごとに計算を行う。

$$\boldsymbol{a} \pm \boldsymbol{b} = \begin{bmatrix} a_1 \pm b_1 & a_2 \pm b_2 & \cdots & a_n \pm b_n \end{bmatrix}^{\mathrm{T}} \tag{1}$$

　ベクトルの内積は各要素ごとに掛けたものの和を表していて

$$(\boldsymbol{a}, \boldsymbol{b}) = \sum_{i=1}^{n} a_i b_i \tag{2}$$

である。内積は二つのベクトルの間のなす角度との関係があり

$$(\boldsymbol{a}, \boldsymbol{b}) = \|\boldsymbol{a}\| \|\boldsymbol{b}\| \cos \phi \tag{3}$$

ここに，ϕ は $\boldsymbol{a}$ と $\boldsymbol{b}$ のなす角度を表す。$\|\cdot\|$ はノルムを表しており

$$\|\boldsymbol{a}\| \equiv \sqrt{\sum_{i=1}^{n} a_i^2} \tag{4}$$

で表される。このノルムはベクトルの長さを表す。

課　　　　　題

課題 2.1　図 2.4 において

$$f_{c_1}(x_b) = f_{c_2}(x_b) \tag{2.9}$$

となる x_b を少しでも逸脱する識別境界を設定した場合，誤り率が増加する理由を図 2.4 に補助線を適宜書き入れて説明せよ。

課題 2.2

ソースコード **2.1**　最近傍法の Python ソースコードの一例

```
1  import numpy as np #数値演算ライブラリの一つのnumpy を読み込みこれを np とする
2
3  class NearestNeighbors():
```

```
4    ## コンストラクタ sizex, sizey は入力ベクトルと出力ベクトルの次元数 ##
5    def __init__(self, sizex, sizey):
6        self.sizex = sizex # 入力ベクトルのサイズ
7        self.sizeLabel = sizey # ラベルサイズ
8        self.bufferx = [] # 入力ベクトルの配列
9        self.buffery = [] # ラベルの配列
10
11   ## 学習  x, y は入力ベクトルとラベル ##
12   def learning(self, x, y):
13       self.bufferx.append(x) # 入力ベクトルを追加
14       self.buffery.append(y) #k ラベルを追加
15       print("NearestNeighbours.learning() self.bufferx=%s" %(self.bufferx))
16       print("NearestNeighbours.learning() self.buffery=%s" %(self.buffery))
17
18   ## 推論  x のラベルを推定する ##
19   def getOutput(self, x):
20       X = np.array(x)
21       dist = 100000
22       nearestNeighborIndex = -1
23       print(len(self.bufferx))
24       size = len(self.bufferx)
25       print(size)
26       for i in range((int)(size)):
27           X2 = self.bufferx[i]
28           each_dist = np.linalg.norm(X-X2, 2)
29           if each_dist < dist:
30               nearestNeighborIndex = i
31               dist = each_dist
32           return self.buffery[nearestNeighborIndex]
33
34   if __name__ == "__main__":
35       nn = NearestNeighbors(2,1)
36       x = [0,1]
37       nn.learning(x, 2)
38       x = [1,0]
39       nn.learning(x, 3)
40       x = [0,0]
41       nn.learning(x, 4)
42       x = [1,1]
43       nn.learning(x, 5)
44       y= nn.getOutput([0,0.5])
45       print("answer", y)
```

ソースコード 2.1 は最近傍法のクラス定義の一例である。このソースコードを k-近傍法を用いたものに書き換えよ。

課題 2.3 最近傍法では入力 x に最も近いプロトタイプを探し出し，そのクラスを答

えとする。つまり答えは

$$i^* = \arg\min_{j \in S} \|\boldsymbol{x}_j - \boldsymbol{x}\|^2 \tag{2.10}$$

である。そしてプロトタイプ i^* のクラス C^* を推定されたクラスとする。これと同等の機能を線形識別器としてつぎの式で実現できるという。すなわち

$$g_j(\boldsymbol{x}) \equiv b_j + \boldsymbol{W}_j^{\mathrm{T}} \boldsymbol{x} \tag{2.11a}$$

と定義し

$$i^* = \arg\max_{j \in S} g_j(\boldsymbol{x}) \tag{2.11b}$$

と書き直すことが可能であるという。このことを式 (2.11a) を変形させ，式 (2.11b) と同等の表現に書き換えることで証明せよ。

ヒント： $\|\boldsymbol{x}_j - \boldsymbol{x}\|^2$ を展開し，大小関係に必要な項だけを考慮する[†]。

課題 2.4 二つのプロトタイプがベクトル $\boldsymbol{x}_1 \in C_1$ と $\boldsymbol{x}_2 \in C_2$ で表されている。ただし，クラス C_1, C_2 はたがいに異なるクラスを表すものとする。このとき，このクラス C_1, C_2 の識別境界面をベクトル $\boldsymbol{x}_1$ と $\boldsymbol{x}_2$ を使って数式表現せよ。

ヒント： 識別境界面上のすべての位置ベクトル $\boldsymbol{x}$ は識別境界面の法線ベクトルと直交する。

[†] ここで示した手法は，先に示した識別境界線を線形関数として記述する手法とはかなり異なるものであることに注意されたい。この違いは，式 (2.11b) で使用した式が $\arg\max$ を使用していることからきている。

＃ 3 章
＃ ニューラルネットワーク

　パターン認識においてはクラス間の識別境界線を正確に求めることが重要であり，人間の場合，生まれてから成長するに従って自然とこれを求めていると考えられる。すなわち生物の脳には半ば自動的にこれを求める仕組みがあり，この仕組みを解明できればパターン認識装置を自動的に構築できるはずである。そのような観点から，生物の脳を参考にした手法の研究が古くから行われてきた。現在の人工知能のブームはこの成果の賜物といってよい。本章ではこれらの研究成果の一部をかいつまんで見ていくことにする。ここで学ぶ知識は，4 章の階層型ニューラルネットワークの追加学習法を理解する礎となるであろう。

3.1　ニューロンとそのモデル

人間の行動は脳によって発現している。**図 3.1** に人間のニューロンを示す。脳は数十億というニューロンで構成されており，これらが神経繊維を通してスパイク信号によって連絡を取り合って情報処理を行っている。神経線維はニューロンに対してシナプスと呼ばれる器官を通してスパイク信号を伝え，一つのニューロンは 1〜数万本の神経線

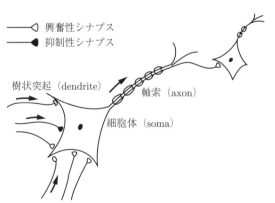

　── ◁　興奮性シナプス
　── ◀　抑制性シナプス

樹状突起（dendrite）

軸索（axon）

細胞体（soma）

図 3.1　人間のニューロン（文献12) を変更）

維によってほかのニューロンからスパイク信号を受け取る。シナプスには大きく分けて 2 種類あり，**興奮性シナプス**（excitatory synapse）と**抑制性シナプス**（inhibitory synapse）とがある。**ニューロンのシナプス後部の電位**（post synaptic potential, PSP）は，スパイク信号がこの興奮性シ

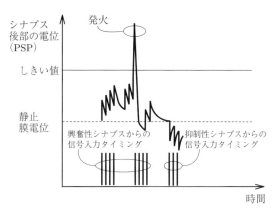

図 **3.2**　シナプス後部の電位の変化（文献12) を元に作成）

ナプスを通してニューロンに伝えられると上昇する。この様子を**図 3.2** に示す。

　いったん上昇した電位は徐々に下降していくが，電位が下がりきる前に新たなスパイク信号が興奮性シナプスを通してニューロンの細胞体に伝えられると，PSP が前回のスパイク到達時よりもさらに大きくなる。これは漏れつき積分器と同じ振る舞いとみなすことができる。すなわち高頻度に興奮性シナプスを通してスパイク信号を受け取ると PSP が上昇していき，スパイク信号を受け取る頻度が小さいと PSP は上昇しない。また，逆に抑制性のシナプスを通してスパイク信号を受け取ると PSP が下降し，先ほどと同様に高い頻度で抑制性シナプスを介してスパイク信号を受け取ると PSP はさらに大きく下がる。なお，実際には興奮性と抑制性両方のシナプスをもつことが普通であり，これらの和が PSP の値を決定することになる。

　このようにして得られた PSP があるしきい値を超えると，そのニューロン自らも軸索と呼ばれる器官から電気スパイク信号を出力する（膜電位は下がる）。軸索はほかのニューロンにシナプス結合を通してスパイク信号を伝える。

　ところで，シナプスのスパイク信号の通しやすさはそれぞれ異なる。この違いにより，ニューロンごとに異なった機能をもつことができると考えられている。

3.1.1 ニューロンの工学的モデル

上記ニューロンの性質をシンプルな線形式で表したものを**形式ニューロンモ
デル**（formal neuron model）と呼ぶことがある。通常，ニューロンの出力強
度は電気スパイク密度で表現されるが，簡単のためこれを数値として表現して，
第 j ニューロンの出力値を u_j で表す。

$$u_j = f\left[w_{j0} + \sum_{i=1}^{n} w_{ji}x_i\right] \tag{3.1}$$

ここに，w_{ji} はこの形式ニューロンの第 i 入力に対するシナプス結合強度を表
している。特に w_{j0} はしきい値を表すものとする。関数 $f[x]$ は活性化関数と呼
ばれ，ニューロンの膜電位から電位スパイク密度への関係を表現する関数であ
る。$f[x]$ は以下で定義される。

$$f[x] = \begin{cases} 1 & x > 0 \\ 0 & \text{otherwise} \end{cases} \tag{3.2}$$

式 (3.1) は活性化関数を除けば，線形の識別境界式 (2.8) と同様の式となってい
ることに気がつくだろう。

3.1.2 形式ニューロンモデルを使った情報処理

ニューロン一つ分の情報処理能力は線形の識別境界式 (2.8) と同じであるこ
とは式からも明らかである。それではこのニューロンのモデルを使って何がで
きるのかを見てみよう。図 2.2 ですでに示したように，最近傍法の識別境界面
（線）はたがいに異なるクラスのプロトタイプの中で最も距離の短いものどう
しを見比べ，それらと等距離になる点の集まりであった。一つの形式ニューロ
ンは，異なるクラスのうち最も近いプロトタイプが等距離になる面を表現する
ことが可能である。そこで，二つの異なるクラスのプロトタイプをベクトル $\boldsymbol{x}_1$
と $\boldsymbol{x}_2$ で表すとすると，その境界面は式 (3.3) を満たす点 $\boldsymbol{x}$ の集合である。す
なわち境界面上にある任意の 2 点を結ぶベクトルは，ベクトル $\boldsymbol{x}_1 - \boldsymbol{x}_2$ と直行
する。この境界面の点の一つは点 $\boldsymbol{x}_1$ と点 $\boldsymbol{x}_2$ の中間点 $(\boldsymbol{x}_1 + \boldsymbol{x}_2)/2$ であるこ

とを考慮すると

$$(\boldsymbol{x}_1 - \boldsymbol{x}_2)^{\mathrm{T}}(\boldsymbol{x} - (\boldsymbol{x}_1 + \boldsymbol{x}_2)/2) = 0 \tag{3.3}$$

である。これを書き直すと

$$(\boldsymbol{x}_1 - \boldsymbol{x}_2)^{\mathrm{T}}\boldsymbol{x} - \frac{1}{2}(\boldsymbol{x}_1 - \boldsymbol{x}_2)^{\mathrm{T}}(\boldsymbol{x}_1 + \boldsymbol{x}_2) = 0 \tag{3.4}$$

つまり $w_0 = (\boldsymbol{x}_1 - \boldsymbol{x}_2)^{\mathrm{T}}(\boldsymbol{x}_1 + \boldsymbol{x}_2)/2,\ w_i = (x_{1i} - x_{2i})$ とおけば形式ニューロンが表現する識別境界面と同じになる。ただし，これはあくまで異なるクラスのプロトタイプ2個分が表す境界面1枚分だけであり，実際の識別境界面はもっと複雑であることに注意する必要がある。このような境界面を実現するには，複数のニューロンモデルを使った表現が必要になる。

3.2　単層ニューラルネットワークの構築

　ニューロン1個だけでは現実の複雑な識別境界線を描くことはできない。そこで複数のニューロンを並べたものを考える。ただし，識別境界を表現するニューロンを多数横に並べただけでは，まだ不十分である。

　そこで本章では，簡単な単層のニューラルネットワークをPythonを使ってプログラミングして学ぶために，つぎに示す最近傍法と等価なパーセプトロンを考える。じつは単層パーセプトロンは数学的に最近傍法と等価であることを示すことができる[13]。この構造を図 **3.3** に示し，その詳細を 3.2.1 項で解説する。

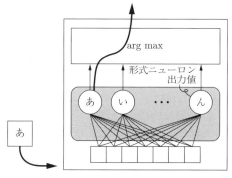

図 3.3　最近傍法と等価のパーセプトロンの構造

この構造を用いた場合は，ここで組むプログラムの動作がよりわかりやすくなることが期待される。

3.2.1 最近傍法と等価なパーセプトロン

特徴を抽出した後のベクトル $\boldsymbol{x}$ を入力として，複数あるプロトタイプの中から最も近いものを選ぶことでクラスタリングを行う近傍法では，つぎの式を計算する。

$$i^* = \arg\min_j \|\boldsymbol{x} - \boldsymbol{x}_j\|^2 \tag{3.5}$$

この式はつぎのように書き換えることができる。

$$i^* = \arg\min_j \{\|\boldsymbol{x}\|^2 - 2\boldsymbol{x}^{\mathrm{T}}\boldsymbol{x}_j + \|\boldsymbol{x}_j\|^2\} \tag{3.6}$$

このうち $\|\boldsymbol{x}\|^2$ はすべてのプロトタイプについて共通なので，この式はさらにつぎのように書き換えることができる。

$$i^* = \arg\max_j \left\{ \boldsymbol{x}_j^{\mathrm{T}}\boldsymbol{x} - \frac{1}{2}\|\boldsymbol{x}_j\|^2 \right\} \tag{3.7}$$

つまり，この式は $w_{j0} = \|\boldsymbol{x}_j\|^2/2$，$w_{ji} = x_{ji}$ とする形式ニューロンの出力関数を線形関数に置き換え，その出力値が最大のものを選ぶことと等価である。したがって，いま，第 j ニューロンの出力値は

$$f_j[\boldsymbol{x}] \equiv \boldsymbol{W}_j^{\mathrm{T}}\boldsymbol{X}, \tag{3.8}$$

ここに，$\boldsymbol{X} = [1 \ \ \boldsymbol{x}^{\mathrm{T}}]^{\mathrm{T}}$ とし，

$$i^* = \arg\max_j f_j[\boldsymbol{x}] \tag{3.9}$$

とする学習機械を考える。

これをプログラミングによって実現してみよう。

3.2.2 必要なデータ構造

ニューロンを表現するには，各ニューロンへの入力ベクトル $\boldsymbol{x}$ を表現する配列とシナプス結合強度 $\boldsymbol{W}_j$ $(j = 1, 2, \cdots)$ を表現する配列が最低限必要であ

る。またニューロンは複数個存在するため，これらを区別するようにしなければならない。

　例えば C 言語でこれをプログラミングする場合，最も簡単な実装法として配列を使うことが考えられる。入力 x は 1 本の配列で表現できるが，各要素は多くの場合実数を表現できる浮動小数点型がよい。さらに複数のニューロンの重み W_j $(j = 1, 2, \cdots)$ を表現しなければならない。配列でこれを表現するなら，多次元配列を使うことが考えられる。ソースコード **3.1** に一例を示す。

ソースコード **3.1**　多次元配列使用例

```
1  #define INPUTSIZE 10
2  #define MAXCELL 20
3  double x[INPUTSIZE];
4  double w[MAXCELL][INPUTSIZE+1];
```

しかし，この記述方針にはつぎのような課題が存在する。

- ネットワークサイズは基本的に固定であることが前提となる。配列のサイズは途中で拡張することができないためである。

- 多層ニューラルネットワーク（3.3 項）にした場合，重みの配列がさらに1 次元増えて

    double w[MAXLAYER][MAXCELL][INPUTSIZE+1];

    とするところであろう。しかし，ニューロン数は層ごとに異なるのが普通である。例えば上位層になるに従ってニューロン数が少なくなる場合，配列の多くの部分が無駄になり，コンピュータの主記憶を圧迫する。

　このような課題を解決するには動的割付けを導入する必要がある。さらにニューロンの数が途中で可変となるケースに対処するには，リスト構造が便利であろう。ソースコード **3.2** に一例を示す。

ソースコード **3.2**　リスト構造使用例

```
1  struct cell {
2  double *w;
3  struct cell *next;
4  struct cell *prev;
5  };
```

```
6
7   struct cell *HEAD, *TAIL;
```

リスト構造を表現する場合，当然ながらポインタを用いなければならないし，動的割付けを行う malloc() 関数を駆使する必要がある。このような構造体にすることで 1 個のニューロンが struct cell 型の変数 1 個で表現できるため，プログラムの視認性のみならず，今後の拡張への見通しもよくなる。ただし，ポインタに対する深い理解を得ること，その記述（特に「*」や「&」の使い分けを正確に実現すること）を行うことは決して簡単ではない。

これに対して Python はオブジェクト指向言語の一種であり，単体のニューロンの構造と機能をより自然で直感的な表現で記述することが可能である。また必要な際に途中でニューロンを適応的に増やすことなどが，ポインタを意識することなくきわめて容易に実現できる。**ソースコード 3.3** にニューロンの実装例を示す。

ソースコード **3.3** Python によるニューロンの実装例

```
1    class Neuron():
2      def __init__(self, sizex): #コンストラクタ
3        self.sizex = sizex; #input size
4        self.w = np.random.rand(sizex+1); #+1 means bias
5        self.w *= 0.01; #set w to a small random value
6        self.y = np.ndarray([]); #output of this unit
7        self.net = 0; #net value of this unit
8
9      def getOutput(self, x): #出力値を求めるメソッド
10       X = copy.deepcopy(x); #create X, which includes x and bias value:1.
11       X.append(1); #バイアス成分追加
12       np.dot(self.w, X, self.net); #net value is the dotproduct of w and X.
13       self.y = 1/(1+np.exp(-self.net)); #calculate output value y
14       return self.y;
15
16   Cells = []
17   for i in range(HiddenUnits):
18     Cells.append(Neuron(n))
```

この例でいえば Neuron クラス†の中に出力値のみならず，それぞれのニューロンの出力値計算メソッドも含まれている。2〜7 行目は**コンストラクタ**（constructor）と呼ばれる。コンストラクタはそのクラスの**インスタンス化**（instantiation）をする役目を担う。インスタンス化とは初期化のことである。例えば 4 行目は重み配列 self.w を小さな乱数で初期化する。このように，あるクラスのインスタンス化をして得たクラス変数は，単にそのクラスのインスタンス，あるいはオブジェクトと呼ぶ。

10 行目は引数で与えられた配列 x の deepcopy() が self.X にセットされている。self. はクラスの中で，クラス内のどのメソッドからも参照できるクラス変数を明示するものである。また，deepcopy() は引数で与えられた配列の中身をコピーする関数である。このようにするのは，Python の引数は値渡しではなく，変数渡しであることに起因する。このメソッドの呼び出し側で引数で渡した配列を別のメソッドの引数として再度使用する際に，渡す配列の中身をセットし直して渡すことがよくあるが，変数渡しの場合，渡す側のメソッドが配列を渡した後にその配列の中身に別の値を代入してしまうと，先方のメソッドの実行中にその配列の中身が変化し，思わぬ不具合を引き起こすことがある。そこで deepcopy() を実行してから渡す，もしくは渡された配列を別の配列に deepcopy してから使用するようにしている。

NN（nearest neighbor）Perceptron クラスは多数のニューロンクラス変数をインスタンス化して推論を行うところである。式 (3.9) で示す推論を実行するだけでなく，それぞれのニューロンにプロトタイプを学習させる機能ももた

---

† 誤解を恐れずに平易に説明するならば，クラスとは C 言語の変数の「型」を拡張した「構造体」を定義したものに相当し，このような型定義の中に機能の定義（C 言語の関数に対応するもの）も含めることができる。ユーザーはこの型の定義をプログラミングする。このようなプログラミングスタイルをとれば，コンピュータ上で実現しようとする対象を驚くほど表現しやすくなる。なお C 言語における関数は，Python ではメソッドに対応すると考えればわかりやすいが，厳密にはこれらは同じではない。「メソッド」とはそのクラスのオブジェクトに対する操作を表すものとして定義されるのに対して，「関数」は引数に対する定められた操作を表す。すなわちメソッドはオブジェクトの機能として定義するものであり，関数とは異なる意味をもつ。より詳しくは巻末の付.1 を参照。

せる必要がある（ソースコード **3.4**）。

ソースコード **3.4**　NNPerceptron クラスの実装例

```
1   class NNPerceptron:
2      def __init__(self, inputsize): #コンストラクタ
3         self.inputsize = inputsize
4         self.units = []
5         self.outputs = []
6
7      def learning(self, x, y): #新しいプロトタイプ(x:入力ベクトル,y:ラベル)を追加す
        る
8         ne = Neuron(self.inputsize); #新プロトタイプ用ニューロンを生成
9         ne.learning(x,y) #新プロトタイプを学習させる
10        self.units.append(ne) #ユニット集合に追加
11
12     def Reasoning(self, x): #最大出力を出すニューロンを探す
13        maxOutput = -1
14        self.outputs = []
15        for i in range(len(self.units)):
16           eachUnit = self.units[i]
17           self.outputs.append(eachUnit.getOutput(x))
18           if maxOutput < self.outputs[i]:
19              maxOutput = self.outputs[i]
20              winnerUnit = eachUnit;
21        print("NNPerceptron.Reasoning() %s" %(self.outputs))
22        return winnerUnit.label
```

クラス NNPerceptron では Reasoning(x) で与えられた入力ベクトル x に対して最も大きな出力値をもつニューロンを探し出し，そのニューロンのもつラベルを推論結果として出力する。

さて，構築したクラスを実行してみよう。このクラスを実行させるために，class Neuron() と class NNPerceptron() を定義した後に，実行を開始するためのコードを以下のように書き加えよう（ソースコード **3.5**）。

ソースコード **3.5**　実行開始のための追加コード

```
1   if __name__ == "__main__":
2      pc = NNPerceptron(2) #NNPerceptron クラスの変数をインスタンス化
3      X=[1,2] #学習サンプルの入力ベクトル部分を生成
4      y='red' #学習サンプルのラベル部分を生成
5      pc.learning(X, y) #学習サンプルを学習させる
6      X2=[3,4] #別の学習サンプルの入力ベクトル部分を生成
7      y2='Yellow' #新しい学習サンプルのラベルを生成
8      pc.learning(X2,y2) #新しい学習サンプルを学習させる
```

```
 9   X3=[1,3] #テスト用の入力ベクトルを生成
10   print("winner label=%s-->%s" %(X3, pc.Reasoning(X3))) #テスト用入力ベクトルを認
     識させて,そのラベルを予想させ,表示する。
```

このコードの上から 2 行目は NNPerceptron クラスのクラス変数 PC をインスタンス化している。続いて学習サンプルを生成し，学習させる。ここでは小規模であるが二つの学習サンプル ([1, 2], 'red')，([3, 4], 'Yellow') を生成させ，順番に学習させている。そして最後にテスト用入力ベクトル [1, 3] を生成して認識させる。実行結果はテスト用入力 [1, 3] に最も近いラベルとして，つぎのようになるはずである。

◎ソースコード **3.3〜3.5 の実行結果**

```
winner label=[1, 3]-->red
```

このように Python はニューロンを一つのクラスとして定義することで，それらを多数個用意するときに，わかりやすいコードで実現することができる。また Python では Java とは異なり，一つのメソッドの中にサブメソッドを定義することができ，一つのメソッドから複数の変数やオブジェクトを返すときに非常に簡単な記述で実現できるという特徴がある[†]。

3.3 3層ニューラルネットワークの構築

3.2 節では最近傍法と同等の単層パーセプトロンを構築した。このネットワークでは個々のニューロンがプロトタイプと入力ベクトルとの近さを表現する。

しかし，階層ニューラルネットワーク（多層パーセプトロン）はプロトタイプと入力ベクトルとの近さではなく，識別境界面そのものを表現する。そして入力ベクトルが提示されると，その入力ベクトルが識別境界面のどちら側に位置するのかを出力値で表す。このことは隣接する二つのプロトタイプを表現するニューロン二つを使ってつぎのように表現できる。

[†] 例えば Java でこれを実現するには複数の値をメンバーとしてもつ新たな class を定義して初めて実現できる。ところが Python は新たなクラスの定義が不要である。

$$g_i(\boldsymbol{x}) - g_j(\boldsymbol{x}) = (\boldsymbol{w}_i - \boldsymbol{w}_j)^{\mathrm{T}}\boldsymbol{x} + b_i - b_j \tag{3.10}$$

この式を改めてつぎのように書き換えれば，単一のニューロンを使ってプロトタイプ $\boldsymbol{x}_i$，$\boldsymbol{x}_j$ の間の識別境界面を表現できる。

$$net_k(\boldsymbol{x}) = \boldsymbol{W}_k^{\mathrm{T}}\boldsymbol{x} + b_k, \tag{3.11}$$

ここに，$\boldsymbol{W}_k = \boldsymbol{w}_i - \boldsymbol{w}_j$，$b_k = b_i - b_j$ である。つぎに，活性化関数として以下に定義するシグモイド関数を使って出力を表現する。

$$f[x] \equiv \frac{1}{1 + \exp(-x)} \tag{3.12}$$

$$u_k(\boldsymbol{x}) = f[net_k(\boldsymbol{x})] \tag{3.13}$$

このニューロンでは，$net_k(\boldsymbol{x}) = 0$ を満たす入力ベクトル $\boldsymbol{x}$ の集合が識別境界面を表しており，$net_k(\boldsymbol{x}) > 0$ のときには $\boldsymbol{x}$ がクラス i を表し，逆に $net_k(\boldsymbol{x}) \leq 0$ のときにはクラス j を表すものと解釈できる。つまりクラス i と j とを弁別する。このようなニューロンを多数横に並べ，すべてのニューロンに同じ入力ベクトルを与えて，個々のニューロンはそれぞれ異なる二つのクラスの間の識別境界面を表現しているとする。すると，ニューロンは与えられた入力ベクトルがそのクラスに属すると大きな出力値を出し，逆に属さないならば 0 に近い出力値を出す。

このようなニューロンのモデルを層状に組み上げたものを**多層ニューラルネットワーク**（multi layered neural network）と呼ぶ。このようなニューラルネットワークは層の数が深くなるにつれて複雑な関数を表現可能である。ここでは入力層も 1 層と数えて 3 層のニューラルネットワークを構築してみよう。

まず 3 層ニューラルネットワークを数式で表現しておこう。第 3 層（最終層）のニューラルネットワークの第 k 番目の入力ベクトル $\boldsymbol{x}$ に対する出力値を $y^{(k)}[\boldsymbol{x}]$ で表す。

$$y^{(k)}[\boldsymbol{x}] = f\left[\left(\boldsymbol{W}_k^{(3)}\right)^{\mathrm{T}}\boldsymbol{U}^{(2)}\right] \tag{3.14}$$

ここに，$\boldsymbol{U}^{(2)}$ はバイアスを含めた第2層目のニューロンの出力をベクトル表現
したものであり

$$\boldsymbol{U}^{(2)} = [\ 1 \quad u_1^{(2)}(\boldsymbol{x}) \quad u_2^{(2)}(\boldsymbol{x}) \quad \cdots \quad u_m^{(2)}(\boldsymbol{x})\ ]^{\mathrm{T}} \tag{3.15}$$

である。また $\boldsymbol{W}_k^{(3)}$ は重み行列であり

$$\boldsymbol{W}_k^{(3)} = [\ w_{k0}^{(3)} \quad w_{k1}^{(3)} \quad \cdots \quad w_{km}^{(3)}\ ]^{\mathrm{T}} \tag{3.16}$$

である。同様に第2層目では

$$u_j^{(2)}(\boldsymbol{x}) = f\left[\left(\boldsymbol{W}_j^{(2)}\right)^{\mathrm{T}} \boldsymbol{X}\right] \tag{3.17}$$

である。ここに $\boldsymbol{X}$ はバイアスを含めた入力ベクトルであり，$\boldsymbol{X} \equiv [1\ \boldsymbol{x}^{\mathrm{T}}]^{\mathrm{T}}$ と
表される。

3.3.1　学　　習　　法

　学習は重みパラメータ $\boldsymbol{W}_k$ を，望ましい出力値を出すように更新していく。
学習を行うにあたってニューラルネットワークに与えるものは，前回と同様に
入力ベクトルと対応するラベルである。このペアで構成されるデータ集合を χ
で表し，$\chi = \{(\boldsymbol{x}_p, \boldsymbol{y}_p)\}_{p=1}^N$ とする。ニューラルネットワークにはこのデータ
集合を用いて自身のパラメータ w_{ki} としきい値 b_k を最適化させる。この最適
化方式には多種多様な手法が提案されているが，オフライン型とオンライン型
の2種類に分けられる。これは最適化理論の一種である（最適化理論を深く学
びたい読者は別の専門書を読むことを勧める）。

　このような最適化理論ではどれほどよく最適化できたかを評価するための**損
失関数**（loss function）を定義する。本章ではまず，最もオーソドックスな損
失関数として二乗誤差を例に説明するが，損失関数はニューラルネットワーク
に実行させるタスクに応じてそれに適したものを選択することが望ましい（詳
細は3.4.1項で述べる）。二乗誤差で表される損失関数は

$$L(\boldsymbol{\theta}, \chi) \equiv \frac{1}{2N} \sum_{p=1}^{N} \sum_{k=1}^{m_3} \{y_p^{(k)} - y_k[\boldsymbol{x}_p]\}^2 \tag{3.18}$$

ここに

$$\boldsymbol{\theta} = \left[\ \left(\boldsymbol{W}_1^{(3)}\right)^{\mathrm{T}} \ \ \left(\boldsymbol{W}_2^{(3)}\right)^{\mathrm{T}} \ \ \cdots \ \ \left(\boldsymbol{W}_1^{(2)}\right)^{\mathrm{T}} \ \ \left(\boldsymbol{W}_2^{(2)}\right)^{\mathrm{T}} \ \ \cdots \ \right]^{\mathrm{T}} \tag{3.19}$$

である。この損失関数を最小化するには，本来ならばすべての $\boldsymbol{w}$ について $L(\boldsymbol{\theta}, \chi)$ の値を調査して $\boldsymbol{\theta}^* = \arg\min_{\boldsymbol{\theta}} L(\boldsymbol{\theta}, \chi)$ を求めるべきである。ところが $\boldsymbol{\theta}$ の組み合わせは膨大であり，このような探索は現実的ではない。そこで，$\boldsymbol{\theta}$ を乱数を使って初期化してから

$$\boldsymbol{\theta}(t) = \boldsymbol{\theta}(t-1) - \eta \nabla_{\boldsymbol{\theta}} L(\boldsymbol{\theta}, \chi)|_{\boldsymbol{\theta}(t-1)} \tag{3.20}$$

で更新していく。これにはつぎのような理由がある。現時点でのパラメータベクトルが $\boldsymbol{w}(t-1)$ であるとき，この位置から最も $L(\boldsymbol{\theta}, \chi)$ が小さくなる方向を求めると，$L(\theta, \chi)$ の勾配ベクトル $-\nabla_{\boldsymbol{\theta}} L(\boldsymbol{\theta}, \chi)|_{\boldsymbol{\theta}(t-1)}$ と並行な方向のベクトルとなるのである（問 3.1 参照）。これはあくまで近似的な解法であり完全に正しい解が得られるわけではないが，実用上問題ない解が得られることが多い。

　ただし，この近似的な解法がうまく働くかどうかは，$\boldsymbol{\theta}$ の初期化方法がとても重要である。特に層の数が増えると，単純な乱数による初期化だけでは学習に失敗することがほとんどである†。最近のディープニューラルネットワークがうまく学習できるようになった背景には，$\boldsymbol{\theta}$ の初期化方法，もしくは学習の停滞を防ぐ活性化関数が導入されたからにほかならない。

3.3.2　誤差逆伝搬法

多層ニューラルネットワークの学習法は，単に式 (3.20) を導出すれば求めることができる。ただ，多少の工夫をしてわかりやすく記述すると，最終出力層で

---

†　学習が失敗するとは，損失関数の値があるしきい値以下には下がらない状況をいう。

の誤差が入力層に向かって逆伝搬する形にすることができる。これを詳しく見ていこう。おのおのの層の違いを明確にするために第 l 層の第 j 番目のニューロンの重みベクトルを $\boldsymbol{w}_j^{(l)}(t)$ とする。すると式 (3.20) はつぎのようになる。

$$\boldsymbol{w}_j^{(l)}(t) = \boldsymbol{w}_j^{(l)}(t-1) - \eta \delta_j^{(l)} \boldsymbol{u}^{(l-1)} \qquad (3.21)$$

ここに，$\boldsymbol{u}^{(l-1)}$ は第 $l-1$ 層の出力ベクトルとする。この式に現れる新しい記号 $\delta_j^{(l)}$ がデルタ値であり，上の層のデルタ値を使ってつぎのように表せる。

$$\delta_j^{(l)} = f'(net_j) \sum_i^{m_{l+1}} w_{ij}^{(l+1)}(t) \delta_i^{(l+1)} \qquad (3.22)$$

ここに，m_{l+1} は第 $l+1$ 層のユニットの個数を表す。デルタ値とはいわば誤差に相当するものであり，上の層の誤差をそれに繋がる重みで重みつきの和を求めることで計算して自らの誤差とするわけである。これに自身の活性化関数の微係数を掛けたものが自身のデルタ値となる。このように上の層から誤差が $\delta_j^{(l)}$ 伝播するように記述されることから，この手法は **誤差逆伝搬法**（back propagation）と呼ばれる。

3.3.3　多層パーセプトロンのプログラム

まず多層のパーセプトロンを PyTorch などのライブラリを使わずにプログラミングしよう†。これをオブジェクト指向プログラミング言語で組み上げる場合，どの部分を一つのオブジェクトとしてプログラミングするかが効率よくプログラムを書くうえで重要である。しかしじつのところ，これにはさまざまな方法が考えられる。

まず，1 個のユニット（ニューロン）を一つのオブジェクトとするのは自然な考えである。ニューロンクラスは，自身の出力値を求めるメソッド getOutput() と，学習時のパラメータ更新に必要な変化量を計算する calcDeltaW() を有している。この calcDeltaW() を計算するに先立ち，addDelta() でつぎの層から

---

†　PyTorch を使えば非常に簡潔にプログラミングすることが可能である。特に 3 層以上のディープニューラルネットワークを構築したい場合には 3.5 節を参照されたい。

逆伝播してきた誤差を足し合わせる操作をできるようにしておく。ソースコード **3.6** にニューロンクラスの実装例を示す。

ソースコード **3.6** ニューロンクラスの実装例

```
 1  import numpy as np
 2  from numpy.random import *
 3  import copy
 4
 5  class Neuron():
 6      def __init__(self, sizex): #コンストラクタ
 7          self.sizex = sizex; #input size
 8          self.w = 0.01 * np.random.rand(sizex+1); #+1 はバイアス成分のため
 9          print("Neuron._init__ self.w=%s" %(self.w))
10          self.y = np.ndarray([]); #出力
11          self.deltaW = np.zeros(sizex+1); #deltaW の初期化
12          self.net = 0; #net 値
13          self.DeltaP = 0; #上の層からの delta 値
14
15      def getOutput(self, x):
16          X = copy.deepcopy(x); #X=[x,1]
17          X.append(1);
18          self.net = np.ndarray([]);
19          np.dot(self.w, X, self.net); #net = f.w.T X
20          self.y = 1/(1+np.exp(-self.net)); #シグモイド関数を使って出力値を求める。
21          return self.y;
22
23      def resetDelta(self): #δ 値をゼロリセットする
24          for i in range(self.sizex+1):
25              self.deltaW[i] = 0
26          self.DeltaP = 0
27
28      def addDelta(self, deltaP): #上の層の δ を累積させる
29          self.DeltaP = self.DeltaP + deltaP
30
31      def calcDeltaW(self, x): #δ の計算
32          self.getOutput(x)
33          X=copy.deepcopy(x) #Create X = [1,x]
34          X.append(1)
35          delta = self.y * (1-self.y); #シグモイド関数の微分
36          self.DeltaP *= delta
37          for i in range(self.sizex+1):
38              self.deltaW[i] = self.DeltaP * X[i]; #calculate deltaW[]
39
40      def UpdateW(self, eta): #重みパラメータの更新
41          for i in range(self.sizex+1):
42              self.w[i] = self.w[i] + eta * self.deltaW[i]
43
```

```
44    def getDelta(self, i):
45        return self.DeltaP * self.w[i]
```

　そして本書では，プログラミングをしやすくするために，多層のニューロン層のオブジェクトをまとめたネットワーク全体のオブジェクトを実現するクラス NeuronLayer を用意する。ニューロン層はニューロンのオブジェクトを個数分だけ横に並べたものであり，クラス Neuron のメソッド，getOutput(), resetDelta(), addDelta(), calcDeltaW(), UpdateW() でその層に存在する Neuron オブジェクト全体のメソッドを駆動するメソッドが用意されている。例えば，NeuronLayer.getOutputs(x) はここに並ぶ Neuron オブジェクトに対して前の層の出力ベクトルを与え，すべての Neuron オブジェクトの出力を返す。ソースコード **3.7** にニューロン層 1 層分を表すクラスの実装例を示す。

ソースコード **3.7**　ニューロン層 1 層分を表すクラス

```
1   class NeuronLayer():
2       def __init__(self, size_input, size_output):
3           self.size_input = size_input
4           self.size_output = size_output
5           self.units = []
6           self.outputs = []
7           for cell in range(self.size_output):
8               neuron = Neuron(self.size_input)
9               self.units.add(neuron)
10
11      def getOutputs(self, x):
12          self.outputs = []
13          for index in range(self.size_output):
14              eachNeuron = self.units[index]
15              self.outputs.append(eachNeuron.getOutput(x))
16          return self.outputs
17
18      def display(self):
19          print("MyPerceptrons.NeuronLayer.display() # of units = %s" %(len(self.
                units)))
20
21      def resetDelta(self): #δ値をリセット
22          for eachCell in self.units:
23              eachCell.resetDelta()
24
25      def addDelta(self, deltas):
26          for cellIndex in range(len(self.units)):
```

```
27        eachCell = self.units[cellIndex]
28        eachCell.addDelta(deltas[cellIndex])
29
30    def getBackProp(self):
31        deltas = np.zeros(self.size_input)
32        for i in range(self.size_input):
33            for cellIndex in range(len(self.units)):
34                eachCellObj = self.units[cellIndex]
35                deltas[i] += eachCellObj.getDelta(i)
36        return deltas
37
38    def setUpDeltaW(self, x):
39        for eachUnit in self.units:
40            eachUnit.calcDeltaW(x)
41
42    def updateW(self, eta):
43        for eachUnit in self.units:
44            eachUnit.UpdateW(eta)
```

最後に，すべての層をまとめたクラス perceptronFC() を用意する。ここで
は neuronLayer() のオブジェクトを層の数だけ用意して，入力層から出力層に
至る出力計算と，学習時の backpropagation とを実行する。ソースコード **3.8**
にパーセプトロンクラスの実装例を示す。

ソースコード **3.8**　パーセプトロンクラスの実装例

```
1  class PerceptronFC(): # full connected perceptron
2      def __init__(self, sizex, sizeh, sizey, maxlayer): # size of input, size of
          hidden units, max layer
3          self.sizex = sizex
4          self.sizeh = sizeh
5          self.sizey = sizey
6          self.maxlayer = maxlayer;
7          self.layerUnits = []; # 各層を保存する配列
8          self.outputs = []
9          ## allocate each layer ##
10         for l in range(maxlayer): # 各層のセットアップ
11             if 0 <= l < maxlayer-1 :
12                 if l==0:
13                     layerUnit = NeuronLayer(self.sizex, self.sizeh) # 第 1 層目
14                 else:
15                     layerUnit = NeuronLayer(self.sizeh, self.sizeh) # 第 2 層目以降
16             else:
17                 layerUnit = NeuronLayer(self.sizeh, self.sizey) # 出力層
18             self.layerUnits.append(layerUnit)
19
```

```
20    ##出力を求めるメソッド(引数 X には 1 個のサンプルの入力ベクトルを渡す)##
21    def getOutputs(self, x):
22        self.outputs = [] #outputs from each layer
23        for layer in range(self.maxlayer):
24            layerUnits = self.layerUnits[layer]
25            if layer==0:
26                self.outputs.append(layerUnits.getOutputs(x))
27            else:
28                self.outputs.append(layerUnits.getOutputs(self.outputs[layer-1]))
29        return self.outputs[self.maxlayer-1]
30
31    ##学習メソッド(単一のサンプルの入力ベクトル x とラベル y を渡す)##
32    def learning(self, x, y):
33        err = (np.array(y)-np.array(self.getOutputs(x))) #このサンプルに対する出力
              を求め誤差を求める
34        squareErr = np.linalg.norm(err, 2)
35        X=copy.deepcopy(x) #x のコピーを X とする
36        self.resetDelta() #δ 値のゼロリセット
37        upperDelta = [] #上の層から逆伝搬してきた δ 値を保存する配列
38        for layer in reversed(range(self.maxlayer)):
39            layerUnit = self.layerUnits[layer] #各層の NeuronLayer オブジェクトを取
                  り出す。
40            if layer == self.maxlayer-1: #出力層の場合
41                layerUnit.addDelta(err) #誤差 err を δ 値として加える
42                upperDelta = layerUnit.getBackProp() #この層から下の層に伝搬させる δ
                      値を計算
43            else: #中間層
44                layerUnit.addDelta(upperDelta) #上の層から伝搬してきた δ 値をこの層の
                      δ 値に加える
45                upperDelta = layerUnit.getBackProp() #この層から下の層に伝搬させる δ
                      値を計算
46
47        ##パラメータの更新##
48        for layer in range(self.maxlayer):
49            layerUnit = self.layerUnits[layer]
50        if layer == 0: #第 1 層のパラメータ更新
51            layerUnit.setUpDeltaW(X) #入力が X としてパラメータの変化量を算出。
52            layerUnit.updateW(0.1) #学習測度 η=0.1 としてパラメータを更新
53        else:
54            layerUnit.setUpDeltaW(self.outputs[layer-1]) #入力が一つ前の層の出力と
                  してパラメータの変化量を算出。
55            layerUnit.updateW(0.1) #学習測度 η=0.1 としてパラメータを更新
56        return squareErr #このサンプルに対する誤差を返す
57
58    def resetDelta(self):
59        for eachlayer in self.layerUnits:
60            eachlayer.resetDelta()
```

学習を行うメソッドをさらに詳しく見てみよう。このメソッドは1サンプル分の入力ベクトルとラベルとを引数として受け取り，勾配を求め，パラメータを更新する。33行目ではまず，このサンプルに対する誤差を算出する。36行目ではおのおののユニットにある δ 値を保存した変数の値をゼロにリセットする。また，38～45行目では δ 値を算出している。出力層での誤差から始まり，これを中間層へと逆伝搬させていく。そして48～55行目でパラメータの更新をしていくが，第1層目は入力が入力ベクトルそのものとし，第2層目以降はその前の層の出力ベクトルを入力ベクトルとしてパラメータの変化量を求めて更新している。

3.3.4 実　行　例

このプログラムを実行してみよう。ソースコード3.9に実行部分のソースコードを示す。Python では if __name__ == "__main__":の行以降に実行する部分を記述することで，「Python3.6 ファイル名」のコマンドでじかに実行することが可能となる。

ソースコード **3.9**　実行部分のソースコード

```
1   if __name__ == "__main__":
2       pc = PerceptronFC(12, 15, 1, 2);
3       learningInput=[];
4       learningOutput=[];
5       sampleindex = 0;
6       for line in open('./test0.dat', 'r'):
7           items = line.split(' ');
8           linewise = []
9           linewiseOut = []
10          for xindex in range(0,12):
11              linewise.append(float(items[xindex]));
12          learningInput.append(linewise);
13          linewiseOut.append(float(items[12]));
14          learningOutput.append(linewiseOut);
15
16      for n in range(500):
17          totalErr = 0
18          for l in range(len(learningInput)):
19              totalErr += pc.learning(learningInput[l], learningOutput[l])
20          print("totalErr = %s" %(totalErr))
21
22      for n in range(167):
```

```
23    output = pc.getOutputs(learningInput[n]);
24    print("test input = %s, desired output = %s, actual output=%s" \
      %(learningInput[n], learningOutput[n], output));
```

2行目でクラス PerceptronFC() をインスタンス化している。ここでは,読み込むデータセットとして UCI Machine Learning repository（https://archive.ics. uci.edu/）に収録されている servo データセットを選んだ。このデータセットは 12 次元の入力ベクトルと 1 次元の連続値ラベルが 167 個並んだ小さなデータセットであり,そのうちの一つを 6 行目で読み込む。このようにファイルの読み込みは非常に簡単で,ファイル入出力メソッドを自ら用意する必要がなく,ただデータファイルのパスを指定するだけでよい。ファイルフォーマットはテキストで,数値と数値の間に空白があれば区別して読み込み,テキストデータから float 型数値への変換まで自動的に行ってくれる。12～14 行目までがデータの加工であり,注意するべきはラベルの扱いである。ラベルデータファイルはおのおのの行の最後の数値となっているので,これを 12 行目で取り出している。入力ベクトルは 10, 11 行目でデータファイルの各行の最初の 12 データだけを配列 linewise に取り出している。16～20 行目が学習部分であり,ここでは 500 回学習サンプル全体を 1 個ずつ提示して学習させている。そして,これ以降は学習結果を表示する部分となっている。

ここで示した学習法は,式 (3.20) で示した学習法と微妙に異なる点に注意しよう。式 (3.20) ではすべてのサンプルに対する誤差を累積して,その勾配を求めているのに対して,このプログラムではサンプル 1 個に対する勾配を求めている点が異なっている。理論上,サンプル 1 個で勾配を求めてしまうと本来の勾配とは異なる方向にならざるを得ない。しかしながら学習測度 η を十分に小さな値にしておくことで,近似的に式 (3.20) と同等の学習結果を得ることができる。これを**確率的勾配降下法**（stochastic gradient descent）と呼ぶ（問 2.3 参照）。

以下に実行結果の一例を示す。

◎ソースコード **3.6～3.9** の実行結果

```
totalErr = 35.76219401398687
```

```
totalErr = 27.44701169787455
totalErr = 26.992844957045527
totalErr = 26.913146927034603
totalErr = 26.87166946115164
totalErr = 26.83457238419321
                              --中略--
totalErr = 8.692325598560164
totalErr = 8.682329498793765
totalErr = 8.672285555550275
totalErr = 8.662190847861076
totalErr = 8.65204240449311
test input = [0.0, 0.0, 0.0, 0.0, 1.0, 0.0, 0.0, 0.0, 0.0, 1.0,
              0.666667, 0.4],
desired output = [0.071302],
actual output=[0.08413664561740603]
test input = [0.0, 0.0, 1.0, 0.0, 0.0, 0.0, 1.0, 0.0, 0.0, 0.0,
              0.666667, 0.4],
desired output = [0.071302],
actual output=[0.1126415883090442]
test input = [0.0, 0.0, 0.0, 0.0, 1.0, 0.0, 0.0, 0.0, 1.0, 0.0,
              0.833333, 0.8],
desired output = [0.044894],
actual output=[0.06186657807969936]
test input = [0.0, 0.0, 0.0, 1.0, 0.0, 0.0, 1.0, 0.0, 0.0, 0.0,
              0.666667, 0.4],
desired output = [0.050176],
actual output=[0.07764224745640672]
...
```

このように，初期の誤差は大きなものではあるが，学習が進むにつれて小さ
な誤差になっていく。以降各サンプルに対する出力と，実際のラベルとを表示
している。'actual output' はニューラルネットワークから出力された出力値を
表し，'desired output' はラベルを表す。

3.4　ニューラルネットワークの評価

3.4.1　タスクと評価関数

これまでの説明では，損失関数として二乗誤差を扱ってきた。だが，この二
乗誤差は果たしてすべての課題に対して適切なのであろうか？　例えば連続関

数近似を扱う場合，目標となる出力は連続値であり，かつ入力が一つ決まれば真の出力値も必ず一つに決まることを考えれば，二乗誤差が適しているといえる。ところが 2 クラス分類問題を扱う場合，学習サンプルのラベルはある二つの値のどちらかである（例えば 0 もしくは 1 である）が，ある入力 $\boldsymbol{x}$ が識別境界線付近にある場合，ラベル y_t が 0 をとる場合と 1 をとる場合の両方が存在するはずである。この場合には二乗誤差では両方の値を真の出力値とすることはできない。

そこでよく採られる戦略として，ニューラルネットワークを**生成モデル**（generative model）とみなす方式がある。生成モデルとは，ニューラルネットワークを学習サンプルが発生させる統計モデルとみなすモデルである。この統計モデルのパラメータがニューラルネットワークのパラメータであるとして，学習サンプル全体が発生する尤度が最も大きくなるようにこのパラメータを調整するようにすればよい。

このように，尤度を定義すると，その問題に適した損失関数が導けるのである。例えば上で述べた 2 クラス分類の場合，$y = 1$ となる「確率」が，ニューラルネットワークの出力値となる。

$$y[\boldsymbol{x}] = p(y = 1 | \boldsymbol{x}) \tag{3.23}$$

この場合，$y[\boldsymbol{x}] > 0.5$ ならば 1 と回答し，逆なら 0 と回答すれば，誤り率最小の認識結果が得られるはずである。それではこれの尤度を定義してみよう。

$$l(\boldsymbol{x}_t) \equiv y[\boldsymbol{x}]^{y_t}(1 - y[\boldsymbol{x}])^{1-y_t} \tag{3.24}$$

この式を検算してみよう。$y_t = 1$ だとすると，$l(\boldsymbol{x}_t) = y[\boldsymbol{x}] = p(y = 1 | \boldsymbol{x})$ であり，逆に $y_t = 0$ だとすると，$l(\boldsymbol{x}_t) = 1 - y[\boldsymbol{x}] = p(y = 0 | \boldsymbol{x})$ であることを踏まえれば，この式が正しく尤度を表現していることがわかる。するとサンプル全体では

$$l(\chi) = l(\boldsymbol{x}_1) \times l(\boldsymbol{x}_2) \times \cdots = \prod_{t=1}^{N} l(\boldsymbol{x}_p) \tag{3.25}$$

となる。このように，求めたサンプル全体の尤度を最大化するようニューラルネットワークのパラメータを最適化すればよい。ただし，このような積で表された尤度をそのまま最大化するのは難しいので，両辺の対数をとる。すると

$$L(\chi) \equiv \log \prod_{p=1}^{N} l(\boldsymbol{x}_p) = \sum_{p=1}^{N} [y_p \log y[\boldsymbol{x}_p] + (1 - y_p) \log(1 - y[\boldsymbol{x}_p])]$$

$$(3.26)$$

このようにして求められた尤度を**対数尤度**（log likelihood）という。この対数尤度を最大化するようにパラメータを更新する。このためには

$$\Delta \boldsymbol{\theta}_t = \eta \frac{\partial L(\chi)}{\partial \boldsymbol{\theta}}\bigg|_{\theta_{t-1}} \tag{3.27}$$

でパラメータの変化量を求めて更新する。ここに $\eta > 0$ であり，係数が正となることに注意が必要である（誤差逆伝搬法では損失関数の微分に負の係数がかかっていたことを思い出そう）。つまり，損失関数は対数尤度に -1 を掛けたものとみなすことができる。

このように，学習サンプルの分布にニューラルネットワークの出力値を合わせる方法として，生成モデルの最適化という戦略をとった場合，単純な二乗誤差とはかなり異なる損失関数が必要となることがわかる。

また，上記の分類問題の尤度を少しだけ変形した**交差エントロピー**（cross entropy）についても述べる。ディープニューラルネットワークを使う場合，分類問題においては交差エントロピーと呼ばれるつぎの指標を使うことが多い。

$$L(\chi) \equiv -\sum_{c}^{M} \sum_{\boldsymbol{x} \in \chi} p(c|\boldsymbol{x}) \log y_{\theta}^{c}[\boldsymbol{x}] \tag{3.28}$$

ただし，M は分類するクラス数を表す。また $y_{\theta}^{c}[\boldsymbol{x}]$ はニューラルネットワークの最終層の第 c 番目の出力値で，SoftMax 関数を使って

$$y_{\theta}^{c}[\boldsymbol{x}] = \frac{e^{net^c}}{\sum_k e^{net^k}} \tag{3.29}$$

のように求められるものとしている。ここに

$$net^c \equiv \left(\boldsymbol{W}_c^L\right)^{\mathrm{T}} \boldsymbol{X} \tag{3.30}$$

である。

すなわち，交差エントロピーとはエントロピーの期待値であり，確率分布 $p(c|\boldsymbol{x})$ と $y_\theta^c[\boldsymbol{x}]$ にずれが合ったときに大きくなる指標のことである。

3.4.2 汎化能力とその計測手法

ここまで，ニューラルネットワークを与えられた学習サンプルのラベルに一致する出力が得られるように学習させる手法について述べた。だが学習済みのニューラルネットワーク（学習器）の真の能力ははたして，学習サンプルの出力ラベルに一致することだけでよいだろうか？ ニューラルネットワークの評価は学習後の使用時に，どれほどの正解率が得られるのかによって決めるべきであろう。つまり学習時に与えたサンプルではなく，学習時に与えなかったサンプルに対する誤差を計測するべきである。このようにして計測した誤差を**汎化能力**（generalization capability）と呼ぶ。

すなわち，データセット χ を学習用データセット χ_{learning} とテスト用データセット χ_{test} に分割し，ニューラルネットワーク χ_{learning} で学習させた後に χ_{test} を用いて正解率を計測するべきである。

ちなみに学習データセットサイズ $|\chi_{\mathrm{learning}}|$ は少なくとも学習器の重みなどの可変パラメータの個数よりも十分に多数個であることが望まれる。すなわち $dim(\boldsymbol{\theta}) \ll |\chi_{\mathrm{learning}}|$ である。汎化能力は学習用サンプルの数が十分に多く存在すれば，どのような大規模なニューラルネットワークであっても高めることは可能である。このことは学習機械のパラメータベクトル $\boldsymbol{\theta}$ が χ_{learning} から生成する事後確率を考えると容易に理解できる。つまり

$$\log p(\boldsymbol{\theta}|\chi_{\mathrm{learning}}) = \log p(\chi_{\mathrm{learning}}|\boldsymbol{\theta}) + \log p(\boldsymbol{\theta}) \tag{3.31}$$

であるので，$|\chi_{\mathrm{learning}}|$ が十分に大きくなれば左辺の第 1 項 $\log p(\chi_{\mathrm{learning}}|\boldsymbol{\theta})$ がパラメータの事前確率の対数尤度 $\log p(\boldsymbol{\theta})$ よりも十分に大きくなるため

$$\log p(\boldsymbol{\theta}|\chi_{\text{learning}}) \simeq \log p(\chi_{\text{learning}}|\boldsymbol{\theta}) \tag{3.32}$$

となるからである。

　ただし，このようにデータが十分に多く存在する環境下ならばよいが，現実にはそのような状況であるとは限らない。少ないサンプルでの評価方法と，そのような状況下で汎化能力を最大にする手法を考えておく必要がある。現在の人工知能の研究の多くがこの汎化能力を最大にする手法を探求するものとなっている。これまでに明らかにされている事項として以下のことが挙げられる。

- 学習データセットのサイズが限られる場合，汎化能力を最大にする適切なサイズ（可変パラメータの数）のニューラルネットワークを使用する必要がある。このように適切なサイズを決定することを**モデル選択**（model selection）という。

- 限られたデータセットでの汎化能力を計測する手法として，クロスバリデーション法[14]と情報量規準[15]を使用する手法とがよく知られている。

このうち情報量基準では，その多くは使用する学習機械にある特定の条件が必要となる場合が多い。そこで本書ではモデルの構造に関わらず使用可能な**クロスバリデーション**（cross validation）**法**について解説する。クロスバリデーションは $|\chi| = N$ のとき，この N 個のデータセットを N/k 個と $N - N/k$ 個の二つのグループに分割する。k-hold クロスバリデーションの一例を図**3.4**に示す。ここに，$k \leq N/2$ であるもののうち $N - N/k$ 個のデータを使って学習器を学習させ，N/k 個のサンプルで誤差を計測してその平均を求めたものを e_1 とおく。このような N/k 個と $N - N/k$ 個の分割を k 種類作成し，それらを同じ構造・パラメータ数の学習機械にそれぞれ独立に学習させ，その結果計測できた誤差 $e_1, e_2, \cdots, e_k$ を平均した $\left(\sum_{i=1}^{k} e_i \right)/k$ を汎化誤差の近似値とする。一般にこのような評価方法を **k-hold クロスバリデーション**（k-hold cross validation 法）と呼ぶが，特に $k = N$ の場合，leave one out 法とも呼ばれる。

　クロスバリデーション法は複数回学習を繰り返す必要があるため，計算量は大きなものとなる。だが，どのような学習器であってもその能力を推定するこ

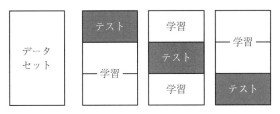

図 3.4　k-hold クロスバリデーション法の一例
（3-hold クロスバリデーション法）

とが可能となる点が便利であり，よく用いられる手法となっている。

　このようにして計測される汎化能力はニューラルネットワークの可変重みパ
ラメータの個数によって大きく変化することが知られている。クロスバリデー
ション法や情報量基準を使った評価はこのパラメータの個数を決定するのによ
く利用された。だが現在主流になっているディープニューラルネットワークの
場合，このようなモデル選択を実行すると計算量が膨大になるためにあまり現
実的ではない。そのためよく採られる手法に**ドロップアウト**（dropout）**法**が
ある[16]。これは学習中に，おのおのの層のニューロンのうちいくつかを一定の
確率でランダムに選択して，一時的に無効にする（一時的に存在しない状態に
する）手法である。こうすることによって強制的に少ないパラメータ数で学習
させるようにするため，結果として汎化能力が高まるのである。また，後述す
るように PyTorch と呼ばれるライブラリの中にドロップアウトをサポートする
関数が用意されてあるため，実装も簡単である。この実装方法の詳細について
は 3.5 節で述べる。

🔷 3.5　3層以上のニューラルネットワークの構築 🔷

　2層以上のニューラルネットワークを構築する場合，つぎのことに注意する
必要がある。多層ニューラルネットワークでは誤差曲面がフラットになってし
まったり，はたまた局所的な窪み（これを**ローカルミニマ**（local minima）と
呼ぶ）が発生して，式 (3.20) による勾配情報をもとに誤差曲面を降下しようと

すると停滞してしまうケースが多い。これを回避する一つの方法として，誤差曲面のフラットな領域を避けるようにパラメータの初期設定をすることが有効である。ただ，この初期設定が非常によくできていたとしても，誤差を逆伝搬させるうちにこの誤差信号が消えてしまう現象が生じる。多層になるに従って起きるこのような問題を解決するためにさまざまな工夫がなされており，これらの工夫をざっくりと説明するとつぎのようなものがある。

- おのおのの層ごとに**オートエンコーダ** (autoencoder)[†]を構成して事前学習をさせる。オートエンコーダの上半分すなわち，出力値から入力を逆推定するネットワーク部分は初期学習が終了すると取り除く。すると出力層の重みパラメータは入力サンプルの分布全体を反映して作られるため，学習サンプルに対して誤差消失を防ぐ重みとなることが期待できる。

- おのおののニューロンの活性化関数を ReLU と呼ばれるランプ関数にする[17]。これはつぎのような関数である。

$$f[x] \equiv \max(x, 0) \tag{3.33}$$

この関数を使うとシグモイド関数のように微係数がゼロになるところは $x < 0$ の領域に限られ，残りの部分は微係数が常に1である。そのため誤差消失が起こりにくくなり，誤差逆伝搬学習がスムーズに進む。

　これらの工夫を取り入れたうえで階層型ネットワークを簡潔にプログラミングできるように，各種ライブラリが用意されている。本書ではそのうちの一つとして PyTorch を選択し，これを使ったプログラミングをしてみよう。

3.5.1　PyTorch を使った多層ニューラルネットワークの構築

PyTorch にはすでに多くのニューラルネットワーク用の関数が収録されている。前節で取り扱ったように個々のニューロンを表現するクラスを自ら用意す

[†]　オートエンコーダとは，入力から出力値を計算した後，その出力値を入力として，入力を逆推定するネットワークを付加したものである。このネットワークを学習させると，入力を逆に推定できるような出力値を出すように学習する。結果的におのおののニューロンのパラメータは入力分布を反映するものとなる。

る必要がないばかりか誤差逆伝搬法をいちいちプログラミングする必要もない。ただし，ライブラリの使用に際しては丁寧にマニュアルを読み込み，使用方法と動作を理解してから用いることが望ましい。本書では PyTorch1.4 をもとに記述しているが，読者が本書を読む頃にはさらにバージョンが上がっている可能性が高く，本書の記述から微妙に使用方法が異なる可能性がある。とはいえほかのソフトウェアと同様に，最新仕様での使用を強く勧める。

PyTorch による多層パーセプトロンの実装例をソースコード **3.10** に示す。

ソースコード **3.10** PyTorch による多層パーセプトロン

```
1  import torch #PyTorch ライブラリの読み込み
2  import torch.nn as nn #ニューラルネットワークライブラリを nn として参照
3  import torch.nn.functional as F #関数ライブラリを F として参照
4  import torchvision #コンピュータビジョン関係ライブラリ torchvision の読み込み
5  import torchvision.datasets as dsets #データセットを dsets として参照
6  import torchvision.transforms as transforms #データ変換関数の読み込み
7  import torch.optim #最適化ライブラリ
8  import torch.utils.data #データ読み込みライブラリの読み込み
9
10 class MyPerceptron(nn.Module): #多層ネットワークの構造定義
11     def __init__(self, input_size, hidden_size, num_classes):
12         super(MyPerceptron, self).__init__() #親クラスのコンストラクタを呼び出す
13         self.fc1 = nn.Linear(input_size, hidden_size) #1 層目の定義
14         self.fc2 = nn.Linear(hidden_size, hidden_size) #2 層目の定義
15         self.fc3 = nn.Linear(hidden_size, num_classes) #3 層目の定義
16
17     def forward(self, x): #出力計算メソッド定義
18         out = self.fc1(x) #1 層目の net 値計算
19         out = F.relu(out) #1 層目の活性化関数は relu
20         out = self.fc2(out) #2 層目の net 値計算
21         out = F.relu(out) #2 層目の活性化関数は relu
22         out = self.fc3(out) #3 層目の net 値計算
23         return out #最終層の活性化関数は線形関数
24
25 class main():
26     def __init__(self):
27         self.input_size = 784
28         self.hidden_size = 500
29         self.num_classes = 10
30         self.batch_size = 100
31
32     ##学習データセット読み込み##
33         self.train_dataset = dsets.MNIST(root='./data', train=True, transform=
               transforms.ToTensor(),download=True)
```

```
34    ## 学習データをバッチサイズに分割する ##
35        train_loader = torch.utils.data.DataLoader(dataset=self.train_dataset,
            batch_size=self.batch_size, shuffle=True, pin_memory=False)
36    ## GPU もしくは CPU の選択　device の自動選択 ##
37        self.device = torch.device("cuda:0" if torch.cuda.is_available() else "cpu
            ")
38        self.criterion = nn.CrossEntropyLoss() # ClossEntropy ロスを評価関数とする
39    ## パーセプトロンクラスのインスタンス化 ##
40        self.model = MyPerceptron(self.input_size, self.hidden_size, self.
            num_classes)
41    ## GPU もしくは CPU のどちらで処理をするのかをパーセプトロンのオブジェクトに指定 ##
42        self.model = self.model.to(self.device)
43    ## 最適化理論として Adagrad を採用 ##
44        self.optimizer = torch.optim.Adagrad(self.model.parameters(True), lr=0.01)
45
46        for i in range(100): # 100 エポック繰り返す
47            totalloss = 0
48            totalacc = 0
49            for index, (images, labels) in enumerate(train_loader):
50                self.optimizer.zero_grad() # 勾配情報を 0 に初期化
51                images = images.view(-1,28*28) # 28x28 のサイズで学習
52                images = images.to(self.device).detach()
53                labels = labels.to(self.device).detach()
54                outputs = self.model.forward(images) # forward 計算し最終出力を求める
55                acc = (self.getLabel(outputs) == labels).sum() # 正解数を数える
56                totalacc += acc.item();
57
58                loss = self.criterion(outputs, labels) # loss を計算する
59                totalloss += loss.item() # totalloss に loss を加える
60                loss.backward() # 勾配計算 (back propagation)
61                self.optimizer.step() # パラメータを更新
62
63            print("%s : err=%s acc=%s" %(i, totalloss, totalacc))
64        train_loss = totalloss / len(train_loader)
65        print("averaged train loss = %s" %(train_loss))
66
67    def getLabel(self, outputs):
68        return outputs.max(1)[1]
69
70 if __name__ == "__main__":
71    MAIN = main()
```

　ソースコード 3.10 では，1〜8 行目がライブラリのインポート部分である。こ
のどれもが必須であるが，1 行目の torch，そして 2 行目の torch.nn as nn が
要となるライブラリのインポート部分である。10〜23 行目でニューラルネット
ワークを MyPerceptron クラスとして定義している。このうち 11〜15 行目が

コンストラクタであり，おのおののニューロン層の定義を行っている。12行目はPyTorchの中に定義されているnn.Moduleを親クラスとしてインスタンス化する部分である。また，13行目は第1層の定義となっており，式(3.11)で定義したnet値を計算する部分を定義してある。このように重みやしきい値といったパラメータはすべてnn.Linear()を呼び出すと自動的に用意される。さらにこの一行を呼び出すだけで小さな乱数で初期化された重みパラメータが用意される。通常の誤差逆伝搬法による学習法を使う場合には，これらのパラメータの割付け，および初期化に気を遣うことなく使用が可能である。しかしこのようなパラメータを参照して新たな学習理論を実装する必要がある場合には，それらを取り出すメソッドも用意されている。これについては，4.3節で説明する。

　出力計算は順方向計算という意味のforward()メソッドを用意して記述することが多い。該当個所を以下に示す。

ソースコード **3.10**　17～23行目

```
17    def forward(self, x): #出力計算メソッド定義
18        out = self.fc1(x) #1層目の net 値計算
19        out = F.relu(out) #1層目の活性化関数は relu
20        out = self.fc2(out) #2層目の net 値計算
21        out = F.relu(out) #2層目の活性化関数は relu
22        out = self.fc3(out) #3層目の net 値計算
23        return out #最終層の活性化関数は線形関数
```

　このうち，例えば上から2行目が1層目のnet値計算を，3行目が1層目の最終出力値計算をしている。このときに必要となる活性化関数は別途読み込んだモジュールFに定義されているためこれを活用する。第1，2層目の活性化関数はReLU，第3層目の活性化関数は線形関数（つまりnet値）をそのまま出力するものとした。分類問題を扱うニューラルネットワークでは最終出力層の出力値を事後確率として表現することが多い。そのため，おのおののニューロンの出力値を事前確率とみなしてベイズ推定によって事後確率を求めると，活性化関数をSoftmax関数とした式に一致する。そうすると最終層の活性化関数はSoftmax関数とするべきだが，PyTorchで使用する損失関数として交差エ

ントロピー CrossEntropy() を使用する場合，その関数の定義の中に SoftMax 関数が含まれているので線形出力関数にする必要がある。つまり self.fc3(out) をそのまま出力とする。

このように出力値計算を行う foward(x) の引数 x は入力ベクトルに相当するが，このプログラム上では torch.tensor 型（テンソル型）で表現されている。

なお，x として入力されるベクトルは 1 本だけとは限らず，複数本まとめて渡すことが可能である。これによって，例えば 100 個のサンプルに対する出力値をまとめて高速計算する，などということが可能になる。ソースコード 3.10 の 49〜61 行目の学習部分では複数のサンプル集合をまとめて学習する**ミニバッチ学習**（mini batch learning）が実行される。これを可能にする型として，テンソル型で表現された入力の集合（本プログラムでは images 以下）をまとめて渡すことが可能となっているのである（**ソースコード 3.11**）。

ソースコード **3.11**　テンソルで表現された images

```
1   images=tensor([[0., 0., 0., ..., 0., 0., 0.],    ← 1 本目の入力ベクトル
2                  [0., 0., 0., ..., 0., 0., 0.],    ← 2 本目の入力ベクトル
3                  [0., 0., 0., ..., 0., 0., 0.], ...
4                  ...,
5                  [0., 0., 0., ..., 0., 0., 0.],
6                  [0., 0., 0., ..., 0., 0., 0.],
7                  [0., 0., 0., ..., 0., 0., 0.]])
```

このような複数本のベクトルに対する出力を outputs = self.model.forward (images) で求めると，例えば

◎ソースコード **3.11** の実行結果

```
outputs=
tensor( 一つ目の入力ベクトルに対する出力ベクトル
       [[-7.3304e+00, -5.6864e+00, -4.9412e+00, -6.8341e+00,  1.2139e+00,
         -6.7486e+00, -1.2657e+01,  3.5906e+00, -1.6175e+00,  4.4131e+00],
        二つ目の入力ベクトルに対する出力ベクトル
       [-9.7131e+00, -5.9420e+00, -1.1716e+01, -1.7168e+00, -5.1975e+00,
         7.0140e-01, -1.3720e+01, -1.0332e+00, -2.2660e-01,  9.1499e+00],
        三つ目の入力ベクトルに対する出力ベクトル
       [-9.3296e+00,  1.0526e+01, -5.5508e+00, -5.4772e+00, -3.0429e+00,
         -9.5939e+00, -8.2433e+00,  1.9834e+00, -2.0541e+00, -4.5395e+00],
       [-9.5999e+00, -8.0181e-01, -9.7461e+00, -8.8369e+00,  1.1091e+01,
```

```
        -7.5785e+00, -1.1461e+01,  1.1087e+00, -2.8232e+00,  2.9477e+00]],
       [ 8.5442e+00, -6.2912e+00,  1.0542e-01, -5.1777e+00, -9.7892e+00,
        -8.6511e+00, -2.7175e+00, -8.3070e+00, -8.2805e+00, -7.4826e+00]],
```
以下略

のようにまとめて出力ベクトルが求まる。

さて学習については，先程述べたミニバッチ学習と呼ばれる方法でパラメータを最適化する形がよく使用される。これはオンライン学習とオフライン学習との中間に位置する手法で，サンプルを一つずつオンライン学習するのではなく，例えば 100 個ずつを集めてきて（これをチャンクと呼ぶ），それらでオフライン学習法によるパラメータ更新を 1 回行う。これにより勾配情報はより正確になる一方，オンライン学習の利点となる誤差曲面の局所的な窪み（ローカルミニマ）を乗り越えられる可能性を持たせたものとなる。そしてつぎのチャンクを読み込んで同様にパラメータを更新する。誤差関数は CrossEntropy 関数としている。ただし PyTorch で定義されている CrossEntropyLoss 関数は

$$loss(x, class) = -\log \left(\frac{\exp(x[class])}{\sum_j \exp(x[j])} \right) \tag{3.34}$$

と定義されている（https://pytorch.org/docs/stable/nn.html）。この式からわかるように，SoftMax 関数が中に組み込まれた形で定義されていることに注意しなければならない。したがって，ニューラルネットワークの最終層の活性化関数は線形出力関数とするべきである。このようにして学習用データセットのすべてのチャンクを一通り学習することを 1 **エポック**（epoch）として数える。これらを複数エポック行う。そして何エポック学習するのかについてはユーザが定義する終了条件によって決めてよい。例えば単純に 100 エポック実行して終了するとしてもよいし，もしくは学習サンプル全体に対する平均誤差がある一定値以下になれば終了するとすれば，より確実な学習が可能になる。このプログラムでは簡単のため 100 エポック実行して終了することにした。ただし後者は，ときとしてローカルミニマに落ち込んで誤差がしきい値よりも下回らず，いつまで経っても学習が終わらない場合もあるので注意が必要である。

学び直しコラム：テンソル

　PyTorch ではテンソル（tensor）クラスが用意され，それらの演算 API も完備されている。ベクトル演算を行うときにも tensor として定義した変数を使って演算を行う。行列やベクトルも tensor クラスの変数として用意できるものの，テンソルとベクトルと行列との関係についてあまり明るくない読者も多いかと思われる。

　テンソルは，多重線形写像を表す関数として定義される[18]。つまり，多重線形写像を実現するために，係数を並べた行列やベクトルを使って複数の線形関数（テンソル）を表している。そのため，スカラー（値），ベクトルや行列そのものも，「テンソルを表現するもの」として使われる。

　一般に p 階のテンソルとは，任意の p 個のベクトル変数 $\boldsymbol{x}_1, \boldsymbol{x}_2, \cdots \boldsymbol{x}_p$ に対して実数を与える関数 $T(\boldsymbol{x}_1, \boldsymbol{x}_2, \cdots, \boldsymbol{x}_p)$ として定義される。例えば 1 階のテンソルは 1 個の任意のベクトル $\boldsymbol{x}$ を，すなわち実数に写像する関数を表す。これを表現するために，あるベクトル $\boldsymbol{a}$ を導入し，ベクトル $\boldsymbol{x}$ の各要素に掛けられる係数をベクトル $\boldsymbol{a}$ との内積で実数値に変換する関数として定義する。これにより，$T(\boldsymbol{x}) \equiv \boldsymbol{a}^{\mathrm{T}} \boldsymbol{x}$ 1 階のテンソルはベクトル $\boldsymbol{x}$ で表現されることになる。

　2 階のテンソルは，二つの任意のベクトル $\boldsymbol{x}_1$，$\boldsymbol{x}_2$ を実数値に変換する関数として定義される。それぞれのベクトルを使って実数値に変換する場合，それぞれのベクトルの要素同士の組み合わせのすべてを考え，その組み合わせで乗算したものに係数をかけて総和を求める。つまり，その係数がテンソルを表現するものである。すなわち，ベクトル $\boldsymbol{x}_i$，$i = 1, 2$ の次元数を n とすると，$n \times n$ の行列で表されることになる。

$$T(\boldsymbol{x}_1, \boldsymbol{x}_2) \equiv \boldsymbol{x}_1^{\mathrm{T}} \begin{bmatrix} T_{11} & T_{12} \\ T_{21} & T_{22} \end{bmatrix} \boldsymbol{x}_2 \tag{1}$$

このように 2 次元の 2 個のベクトルを実数値に変換する 2 階のテンソルは行列 $\begin{bmatrix} T_{11} & T_{12} \\ T_{21} & T_{22} \end{bmatrix}$ で表現できる。

　3 階のテンソルは，三つの任意のベクトル $\boldsymbol{x}_1$，$\boldsymbol{x}_2$，$\boldsymbol{x}_3$ を実数値に変換する。この場合には $\boldsymbol{x}_1$，$\boldsymbol{x}_2$，$\boldsymbol{x}_3$ の次元数が n ならば，n^3 通りの要素の組み合わせで乗算をし，それらの線形和で実数値に変換する関数として定義される。

$$T(\boldsymbol{x}_1, \boldsymbol{x}_2, \boldsymbol{x}_3) \equiv \sum_i^n \sum_j^n \sum_k^n A_{ijk} x_{1i} x_{2j} x_{3k} \tag{2}$$

例えば $n = 2$ の場合，A は 2×2 の行列を複数枚並べてできるキューブ状の数値データの集まりとして表現する。

$$A = \left[\begin{bmatrix} 0.5 & 0.1 \\ 0.3 & 0.2 \end{bmatrix} \begin{bmatrix} 0.01 & 0.05 \\ 0.1 & 1.2 \end{bmatrix} \cdots \begin{bmatrix} 0.1 & 0.4 \\ 0.5 & 0.3 \end{bmatrix} \right] \tag{3}$$

テンソルに関する演算については文献18) 等の参考書を参照されたい。

25～71 行目は main クラスとして実行本体を定義した。27～30 行目はネットワークのサイズを変数として記述し，33 行目で PyTorch にあらかじめ収録されてあるモジュール MNIST() を呼び出し，手書き数字のイメージデータセット MNIST を読み込んでいる。

ソースコード **3.10** 33 行目

```
33    self.train_dataset = dsets.MNIST(root='./data', train=True, transform=
         transforms.ToTensor(),download=True)
```

この中の train=True はキーワード引数と呼ばれ，キーワードに一致する引数を適宜呼び出してセットするという引数の書き方となる。ここでは train=True は学習サンプルを取り出すように指定するもので，transform=transforms.ToTensor()，すなわち読み込んだデータは Tensor として保存することを意味し，download=True はインターネット上にある元データからダウンロードしてローカルディスクに保存することを意味している。すでに読み込んだデータがあるのであれば download=False でもよい。35 行目の

ソースコード **3.10** 35 行目

```
35        train_loader = torch.utils.data.DataLoader(dataset=self.train_dataset,
            batch_size=self.batch_size, shuffle=True)
```

は MNIST() で読み込んだデータを加工するメソッドを呼び出している。具体的にはデータをシャッフルして学習データを指定したバッチサイズ（チャンクサイズ）に分割する。

なお読者の中には，このプログラムにおいて，MyPerceptron クラスの中に学習に関するメソッドがないことに違和感を感じている人も多いであろう。オブジェクト指向言語の精神に則れば，学習は MyPerceptron クラスの振る舞いそのものであるから，学習メソッドは MyPerceptron クラスに記述してしかるべきと考えるのが普通である。しかし，ほかの多くの Python によるニューラルネットワークの記述と同様に，ここでは learning() メソッドは実行部分（本プログラムでは main クラス）で定義してある。プログラムによってはメソッドとして定義していないサンプルプログラムも多く見受けられる。

これにはつぎのような事情がある。最近の計算機の一部には **GPU**（graphical processing unit）が搭載されていて，これをニューラルネットワーク計算用のアクセラレータとして使用するケースが増えている。GPU のメーカーは Python で使用するためのデバイスドライバを用意しており，このデバイスドライバをインストールするだけで，API を使って簡単に GPU での高速計算が可能となる。その際に重要なのが，GPU で計算するべきオブジェクトの指定である。オブジェクトとは，クラスをインスタンス化したものと思えばよい。例えばオブジェクト名が hoge だとすると，hoge.to('cuda:0') などと記述すると GPU での計算を行うように指定したことになる。CPU（central processing unit）で実行する場合（通常の実行モード）は，基本的には記述しなくてもよいが，明示するならば hoge.to('cpu') と記述する。さてここで課題となるのが学習部分の計算方法である。学習においては，一部（例えば torch.utils.DataLoader()）は CPU で実行しなければならないため，このクラスの変数に学習メソッドを MyPerceptron クラスに含めてクラスすべてを GPU で計算するようには指定しにくい。そのため，学習部分：learning() を main クラス内部に用意して GPU と CPU のいずれかのデバイスを使用するよう細かく切り分けるように記述をしている。

3.5.2 実　行　準　備

さてこれを実行するにあたっては，PyTorch と torchvision をコンピュータにインストールしておく必要がある。このインストール方法の詳細な説明についてはほかの文献に譲ることとし，本書では大まかな留意点を述べる。

- Python のバージョンによってインストール可能なライブラリが異なる。できる限り最新版の Python を使用することを勧める（本書は Python3.6 を使用している）。

- PyTorch のインストール方法は以下 URL に記載がある（英文）。
  https://pytorch.org/

- 学習にはコンピュータの CPU だけでは長い時間が必要となる場合がほとんどである。可能ならば GPU の使用を勧める。ただし GPU を Python

から使用するには NVIDIA 社が開発したデバイスドライバ CUDA (compute unified device architecture) のインストールが必要になる。CUDA のバージョンも Python のバージョンによっては使用できない場合があり，できるだけ最新版の使用を勧める。

- インストール順序（Linux の場合）：①Python のインストール，（②インストーラ pip のインストール。通常 pip は Python にプレインストールされてある），③PyTorch のインストール，④Torchvision のインストール。⑤GPU を利用する場合には CUDA のインストール。

3.5.3　実　　　　行

以下は Python3.6 の場合のプログラム起動コマンドである。

python3.6 myperceptron.py

上記のコマンドを実行すると，つぎのような実行結果が得られるはずである。

◎ソースコード **3.10** の実行結果

```
main() _init_() started!
0 : err=1136.1689684391022 acc=17359
1 : err=1120.9994990825653 acc=17724
2 : err=1119.11052775383 acc=17714
3 : err=1115.0640802383423 acc=17814
4 : err=1114.6271057128906 acc=17771
5 : err=1114.063469529152 acc=17833

                    --中略--

97 : err=705.8666563034058 acc=35394
98 : err=703.4446004033089 acc=35444
99 : err=706.6242585778236 acc=35372
averaged train loss = 1.289916536150376, accuracy = 54.13876666666667
```

ここに err は平均誤差，acc は正解したサンプル数である。

3.5.4　ドロップアウト法の追加

ソースコード 3.10 ではドロップアウト法を実装していない。そこで，ソース

コードをつぎのように改変してみよう（ソースコード **3.12**）。

ソースコード **3.12**　ドロップアウト法を追加した多層ニューラルネットワーク

```
1   class MyPerceptron(nn.Module, device): #多層ネットワークの構造定義
2     def __init__(self, input_size, hidden_size, num_classes):
3     super(MyPerceptron, self).__init__() #親クラスのコンストラクタを呼び出す
4       self.device = device
5       self.fc1 = nn.Linear(input_size, hidden_size).to(self.device) #1層目の定
          義
6       self.fc2 = nn.Linear(hidden_size, hidden_size).to(self.device) #2層目の定
          義
7       self.fc3 = nn.Linear(hidden_size, num_classes).to(self.device) #3層目の定
          義
8       self.criterion = nn.CrossEntropyLoss() #ClossEntropy ロスを評価関数とする
9       self.num_classes = num_classes
10      self.dropout = nn.Dropout(p=0.4) #ドロップアウト率 40 パーセントに設定 [追加]
11
12    def forward(self, x): #出力計算メソッド定義
13      out = self.fc1(x) #1 層目の net 値計算
14      out = F.relu(out) #1 層目の活性化関数
15      out = self.dropout(out) #1 層目ドロップアウト [追加]
16      out = self.fc2(out) #2 層目の net 値計算
17      out = F.relu(out) #2 層目の活性化関数
18      out = self.dropout(out) #2 層目ドロップアウト [追加]
19      out = self.fc3(out) #3 層目の net 値計算
20      return out #3 層目の活性化関数を線形関数とする
21
22                          --中略--
23
24  class main():
25    def __init__(self):
26                          --中略--
27      ## 最適化理論として Adagrad を採用 ##
28      self.optimizer = torch.optim.Adagrad(self.model.parameters(True), lr=0.01)
29      self.model.train() #学習モード（ドロップアウトを有効にする）[追加]
30      for i in range(100): #100 エポック繰り返す
31        totalloss = 0
32        totalacc = 0
33        for index, (images, labels) in enumerate(train_loader):
34          self.optimizer.zero_grad() #勾配情報を 0 に初期化
35          images = images.view(-1,28*28) #28x28 のサイズで学習
36          images = images.to(self.device).detach()
37          labels = labels.to(self.device).detach()
38          outputs = self.model.forward(images) #forward 計算し最終出力を求める
39          acc = (self.getLabel(outputs) == labels).sum() #正解数を数える
40          totalacc += acc.item();
```

ソースコード 3.12 の 10，15，18，29 行目に追加したコードを参照されたい。

10 行目ではドロップアウトを行うメソッドを準備している。15, 18 行目では第 1 層目と第 2 層目にドロップアウトメソッドを適用している。そして 29 行目でドロップアウトメソッドを有効化（self.model.train()）している。ただし，ドロップアウト法はあくまで学習時に有効にするべきことであり，分類ラベルの予測時には無効にするべきである。無効化するには self.model.eval() を最初に記述して実行し，分類ラベルの予測を行うのがよい。

課　　　　　題

課題 3.1　$L(\boldsymbol{\theta} + \Delta, \chi)$ が $L(\boldsymbol{\theta}, \chi)$ に比べて最も小さくなる Δ（$\|\Delta\|^2 \ll 1$）の方向が，$\nabla_{\boldsymbol{\theta}} L(\boldsymbol{\theta}, \chi)|_{\boldsymbol{\theta}(t-1)}$ と平行かつ方向が逆方向になることを示せ。

課題 3.2　$\delta_i^{(2)} = net_i(1 - net_i)(y_t - f[net_i])$ のとき，$\delta_j^{(1)}$ を $w_{ij}^{(2)}$ と net_i, y_t を使って表せ。

課題 3.3　$\boldsymbol{\theta}(t) = \boldsymbol{\theta}(t-1) - \eta \, \nabla_{\boldsymbol{\theta}} L(\boldsymbol{\theta}, \chi)|_{\boldsymbol{\theta}(t-1)}$　(3.35)

が $\eta \ll 1$ のとき，おのおののサンプル $(\boldsymbol{x}_p, \boldsymbol{y}_p)$ の誤差を使った

$$\boldsymbol{\theta}(t) = \boldsymbol{\theta}(t-1) - \eta \nabla_{\boldsymbol{\theta}} l(\boldsymbol{\theta}, \boldsymbol{x}_p, \boldsymbol{y}_p)|_{\boldsymbol{\theta}(t-1)} \tag{3.36}$$

において，すべてのサンプルを使って更新を繰り返した場合とほぼ同じ学習結果が得られるという。ここで

$$l(\boldsymbol{\theta}, \boldsymbol{x}_p, \boldsymbol{y}_p) = \|\boldsymbol{y}_p - y_{\theta}[\boldsymbol{x}_p]\|^2 \tag{3.37}$$

である。この理由を述べよ。

課題 3.4　ニューラルネットワーク $y_{\theta}[\boldsymbol{x}]$ を使った生成モデルとして，

$$p(y_t|\boldsymbol{x}_t) = \gamma \exp\left(-\frac{(y_t - y_{\theta}[\boldsymbol{x}])^2}{2\sigma^2}\right) \tag{3.38}$$

とするとき，サンプル全体 $\chi = \{(\boldsymbol{x}_t, y_t)\}_{t=1}^N$ に対する，対数尤度が二乗誤差関数となることを示せ。ただし，$\chi = \{(\boldsymbol{x}_t, y_t)\}_{t=1}^N$ のそれぞれはほかのサンプルとは独立に発生するものとする。

課題 3.5 ソースコード 3.10 では誤差（err）と全サンプルの中で正解したサンプル数は表示できるようになっているが，どの文字パターンを何に識別したのかの情報は得られない。そこでクラス MyPerceptron を拡張してテスト用サンプルを読み込み，識別クラス数を m としてそれぞれの文字の識別結果を $m \times m$ の正方行列に記録するとともに，データセット中のそれぞれの識別クラスのサンプル数をサイズ m の配列に記録して返すメソッド main.evaluation(self, data_loader) を構築し，その動作を確認するようにクラス main を拡張せよ。ただしソースコード **3.13** に示すように，引数に渡す test_loader はテスト用サンプルとし，

ソースコード **3.13**　実装例①

```
1  self.test_dataset = dsets.MNIST(root='./data', train=False, transform=transforms
       .ToTensor())
2  test_loader = torch.utils.data.DataLoader(dataset=self.test_dataset,
3                                            batch_size=100, shuffle=False)
```

のように作成し，test_loader を main().evaluation() に渡すようにせよ（ソースコード **3.14**）。

ソースコード **3.14**　実装例②

```
1  class main():
2    ...
3    def evaluation(self, data_loader):
4      ...
5      return each_acc, class_size
```

ヒント 1：　Python のメソッドは C 言語や java と異なり，特別な記述をしなくても複数種類のデータを同時に返すことができる。例として変数 A, B, C を同時に返すメソッド test() を示す（ソースコード **3.15**）。

ソースコード **3.15**　ヒント 1

```
1  def test(self: 引数):
2    ...
3    return A,B,C
```

ヒント 2：　test_loader ではテストサンプルを 100 サンプルずつチャンクに分けたものが提供される。これらはそれぞれのチャンクごとに認識結果を評価していく必要があろう。この書き方は class main() の学習処理と同様に，ソースコード **3.16** のように images, labels をチャンクごとに取り出すことが可能である（ただし class main() の中で記述するものとする）。

ソースコード **3.16**　ヒント 2

```
1        for index, (images, labels) in enumerate(train_loader):
2          images = images.view(-1,28*28) #入力を整形
3          outputs = self.model.forward(images) #出力値計算
```

images の認識結果を得るには, class main() の中で記述するならば, self.model. forward(images) とすればチャンク全体の出力結果がテンソルとして得られる。出力はつぎのようなテンソルである。

◎実行結果

```
tensor([[3.6427e-03, 2.6015e-04, 2.1368e-03, 2.6653e-06, 1.0118e-03,
         3.6215e-12, 3.0603e-01, 1.8899e-19, 2.3860e-16, 3.7968e-14],
        [1.9345e-03, 1.0360e-03, 4.4237e-04, 7.2011e-04, 3.2367e-03,
         9.0244e-04, 1.3643e-10, 1.5635e-12, 6.9237e-07, 8.9305e-12],
        ...
        [7.8478e-03, 4.3708e-03, 2.2439e-03, 1.2461e-02, 1.2746e-02,
         3.4747e-12,  2.2146e-11, 3.4089e-01, 3.9200e-11, 3.2014e-11],
        [2.9695e-02, 1.9905e-02, 3.3241e-02, 1.8930e-02, 1.3690e-02,
         5.5625e-09, 2.3387e-08, 2.9010e-10, 7.7798e-02, 1.1815e-07]],
       grad_fn=<SoftmaxBackward>)
```

　上記実行結果の [...] で囲まれたそれぞれの部分に一つのデータセットに対する 10 出力ユニットの出力値が並んでいる。これを別途テンソル型の変数 output を用意して代入しておき, MyPerceptron.getLabel() に渡すと, ラベルが列挙されたテンソル型で結果が得られる。これを活用するとよい。

ヒント 3：　テンソル型 (torch.tensor) の変数 A が A=torch.tensor([10,10]) があったとすると, その 1 要素 (p,q) のスカラー値は A[p][q].item() で得られる。

課題 3.6　ソースコード 3.10 において, ドロップアウト法を使った場合と使わなかった場合とで汎化能力の差を計測できるようにせよ。

＃4章
＃追加学習

　ニューラルネットワークのモデルは生物の脳をまねて作られたものであるが，肝心の生物の脳の学習法については未解明な部分が多い。特におのおののシナプス結合強度が，どのタイミングでどのように変化するのかについては，さまざまな説は存在するものの，じつのところ正確にはわかっていないのである。

　現在のニューラルネットワークで使われている学習法は，さまざまな高速化・汎化能力向上のための工夫は凝らされているものの，おおむね既存の非線形最適化理論をニューラルネットワークのモデルに適用したものである。そのためか，実際の生物の挙動に現れない事象が起きることがある。その一つが，本章で取り扱う追加学習（連続学習，lifelong 学習と呼ばれることもある）に伴う破滅的忘却と呼ばれる現象だ。これは，学習済みのニューラルネットワークに新しい事柄を追加的に学習させると，それまでに覚えていたはずの事柄をほとんど忘れてしまうという現象である。これを解決する研究が近年盛んに行われるようになった。本章ではこれらのうち，代表的なものをピックアップして実装してみよう。

 4.1　破　滅　的　忘　却

　学習済みの多層ニューラルネットワークを使用していると，まだ学習させていないクラスのデータに出くわしたり，はたまた多少なりとも正しく認識しない事例と出会うこともある。学習者が人間ならば，このような事例に出会うたびに新しいクラスを学習したり，間違った箇所を正しく識別できるように学び，次回からは正しく認識するようにできる。これと同じことを 3.5 節で作った多層ニューラルネットワークに行わせてみよう。

　前の章で取り扱った PyTorch による多層ニューラルネットワークのソース

コード 3.10 を使って MNIST データセット'0'〜'9' を 2 種類の文字データずつ
逐次的に学習させてみる。すなわち，最初の学習では'0' と'1'，つぎの学習で
は'2' と'3'，そのつぎの学習では'4' と'5' という具合に追加的に学習させていく。
毎回行われる学習の後には，テスト用データセットで各文字に対する認識率を
計測し，どの文字をどれだけ認識したかを確かめる。

　これを行うにあたって学習データセットの読み込み部分を拡張する必要がある。
PyTorch では抽象クラス†torch.utils.data.Dataset を実装したクラスによって
学習・テストデータを読み込み，torch.utils.data.DataLoader によって複数の
チャンクに整形して学習メソッドに渡す形式をとる。torch.utils.data.Dataset
では，メソッド__len__() がデータセットの長さを返し，メソッド__getitem__(idx)
が指定されたインデックス idx のデータを返すように実装を行うことが求めら
れる。すでに用意されている MNIST() は torch.utils.data.Dataset を実装し
たクラスの一つである。このクラスをうまく改良もしくは拡張して，特定のラ
ベルのデータだけを取り出す形にする。**ソースコード 4.1** にその例を示す。

ソースコード **4.1**　MNIST から特定の文字データだけを取り出すクラス

```
1  class MyMNIST(torch.utils.data.Dataset):
2      ##MNIST データセットのうち TargetLabels[] で指定された特定のラベルのデータだけを
          集める##
3      def __init__(self, TargetLabels, rootPath, transform):
4          self.transform = transform
5          self.rootPath = rootPath
6          self.dataset = dsets.MNIST(root=self.rootPath, train=True, transform=self.
              transform, download=True)
7          self.datasetSize = 0
8          self.indicies = []
9          self.label = []
10         for p in range(self.dataset.__len__()):
11             each_input, each_label = self.dataset.__getitem__(p)
12             for n in range(len(TargetLabels)):
13                 if each_label == TargetLabels[n]:#ラベルが一致する場合
14                     self.indicies.append(p) #インデックスを self.indicies に保持する
15                     self.label.append(each_label) #ラベルデータも self.label に保持
                          する
```

---

†　抽象クラスとは，継承された先で実装されて初めて機能するクラスの総称である。これ
　は，ユーザによる独自機能の実装を許可する一方で，ある決まった仕様のメソッドを必
　ず用意してもらい，ほかのクラスとの連携が正確に行えるようにする場合に使われる。

```
16              self.datasetSize += 1 #ラベルの一致するデータの個数を数える
17          self.mydata = torch.tensor([self.datasetSize,28,28]) #テンソル型の入力デー
                タ配列を用意する
18          self.mydata = torch.zeros(self.datasetSize, 28, 28) #上で用意したテンソル
                型データを初期化
19          for p in range(self.datasetSize): #ラベルの一致する入力データセットを作成す
                る
20              each_input, each_label = self.dataset.__getitem__(self.indicies[p])
21              self.mydata[p] = each_input
22          self.data = self.mydata.numpy() #入力データは Tensor から numpy array に変換
                する必要がある
23
24      def __len__(self): #データセットのサイズを返すメソッド
25          return self.datasetSize
26
27      def __getitem__(self, idx): #おのおののデータを返すメソッド
28          out_data = self.data[idx]
29          out_label = self.label[idx]
30          if self.transform:
31              out_data = self.transform(out_data) #ラベルデータの変換
32          return out_data, out_label
```

1 行目では ( ) の中に torch.utils.data.Dataset が記述されており，このク
ラスが torch.utils.data.Dataset を継承することを意味している。このクラス
はオリジナルの MNIST データセットを呼び出しており，コンストラクタで与
えられた文字のリスト（TargetLabels）に従ってデータを収集する。例えば，
TargetLabels=[0, 1] ならば，このクラスは数字の'0' と'1' の学習サンプルのみ
読み込むことになる。ソースコード 4.2 にその実行部分を示す。

ソースコード 4.2　追加学習の実行

```
1       Acc = []
2       for n in range(0, self.num_division):
3           target_labels = []
4           for l in range(n*self.label_step, (n+1)*self.label_step):
5               target_labels.append(l) #読み込む文字を target_labels に追加
6
7           ##学習用・テスト用データをロードする ##
8           self.train_dataset = MyMNIST(target_labels, './data', transforms.
                ToTensor())
9           for i in range(100): #100 回繰り返す
10              train_loader = torch.utils.data.DataLoader(dataset=self.
                    train_dataset, batch_size=100, shuffle=True)
11              err, acc = self.model.learning(train_loader) #ミニバッチ学習
12              print("%s : err=%s acc=%s" %(i, err, acc))
```

```
13      testerr, AccMatrix, class_size = self.model.evaluation(test_loader) #
        テスト用サンプルでの誤差計測
14      print("Accuracy matrix = %s" %(AccMatrix))
15      for c in range(10):
16          print("%s : %s " %(c, (float)(AccMatrix[c][c].item()/class_size[c
            ].item())))
17      Acc.append(testerr)
18      ##誤差の一覧表示##
19      for n in range(0, len(Acc)):
20          print("Acc[%s]=%s" %(n, Acc[n]))
```

4, 5行目でリスト target_labels にこのラウンドで追加学習させる文字をセットし，8行目でこのリストを MyMNIST() に渡すことで，この文字を読み込んでいる。このようにして100エポックの学習を終了させ，改めて'0'〜'9'のテストサンプルで認識率をテストする。表**4.1** はその結果である。

表 **4.1**　オリジナルのパーセプトロンに新しい文字を追加学習させた結果

追加 学習の回数 ＼ テスト サンプル	'0'	'1'	'2'	'3'	'4'	'5'	'6'	'7'	'8'	'9'
0	<u>0.998</u>	<u>0.998</u>	0.021	0.225	0.020	0.016	0.00	0.007	0.07	0.09
1	0.433	0.040	<u>0.953</u>	<u>0.969</u>	0.003	0.006	0.00	0.002	0.010	0.003
2	0.067	0.013	0.162	0.015	<u>0.997</u>	<u>0.991</u>	0.00	0.054	0.054	0.009
3	0.087	0.001	0.039	0.294	0.563	0.087	<u>0.993</u>	<u>0.972</u>	0.049	0.0
4	0.018	0.040	0.087	0.054	0.015	0.017	0.267	0.058	<u>0.902</u>	<u>0.930</u>

このように誤った箇所を重点的に学習させれば，すべてのサンプルに対して正解できる可能性が高まるであろうと期待される。ところがこの表からわかるように，予想に反して追加的に学習させた後の認識率は極めて悪く，事前学習したクラスのデータをほぼすべて間違えていることがわかる。これを一般に**破滅的忘却**（catastrophic forgetting）と呼び，ニューラルネットワークの大きな問題点として有名である。この問題を解決するために，これまでにも多くの研究者がさまざまな追加学習理論を提案してきた[19]。

これらについて解説する前に，このような問題が発生する理由について図**4.1**を用いて解説しておこう。ニューラルネットワークの重みベクトルは，識別境界面を形成する。一つの識別境界面は入力空間を二分するが，それぞれのニュー

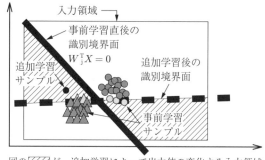

図の ■■ が，追加学習によって出力値の変化する入力領域

図 **4.1**　破滅的忘却が発生する理由

ロンモデルによって重みベクトルが異なるため，その分割位置が異なる。仮に一つの重みパラメータを更新したとすると，識別境界面が変化するため，入力領域の多くの部分に対してそのニューロンの出力値が変化する。このニューロンの出力がつぎの層に影響を与えることを考慮すると，最終層の出力値は入力領域の大部分の入力ベクトルに対して出力値が変化してしまう。これが破滅的忘却の原因となる。

　このような問題を解決する手段としてかつてよく採られた手法は，一つのニューロンが出力を出す領域を絞り込む戦略である。このために radial basis function と呼ばれるニューラルネットワークを使用した研究が多く行われていた。このネットワーク（の多く）はガウスカーネル関数を基底関数としてそれらの重みつきの和によって任意の関数近似を行う学習機械である。一つのニューロンが出力を出す領域はその基底関数のセントロイド（基底関数が最も大きな出力を出す入力ベクトル）を中心とする限られた領域になるため，その基底関数に関係するパラメータを変更することによるニューラルネットワークの出力値の変化領域も，そのカーネル関数の出力を出す入力領域に限られることになる。したがってこの手法は通常のニューラルネットワークに比べると，追加的な学習に伴う忘却をかなり防ぐことができる。現在においてもカーネル法を使った学習理論がこの系統を受け継いでおり，オンラインで学習する場合によく使われている[20]~[24]。だがこのような動径基底関数を使う場合の欠点の一つは変数

選択が難しいという点である†。

4.2　再学習を行わせる手法

4.2.1　手法および実装例

破滅的忘却を防ぐ方法の中で最も確実な手法は，過去のサンプルのすべてを用意して新しいサンプルと織り交ぜて再度学習させることである。この場合ニューラルネットワークの横にバッファを用意する必要がある（図 4.2）。新規サンプルの提示方法は 1 個ずつ与える場合と，複数個ずつに与える場合がある。ここでは一般的によく行われる方式として，複数個ずつ新規サンプルを与える方式を考えよう。T 回目の追加学習時に与える新規サンプル集合を $\chi_{\text{new}}^{(T)} = \{(\boldsymbol{x}_t, \boldsymbol{y}_t)\}_{t=1}^{m}$ とすると，T 回目の追加学習時のバッファ内部のサンプル集合 $\chi_{\text{buffer}}^{(T)}$ は $\chi_{\text{buffer}}^{(T)} = \chi_{\text{buffer}}^{(T-1)} \cup \chi_{\text{new}}^{(T)}$ で表される。ニューラルネットワークは $(\boldsymbol{x}_p, \boldsymbol{y}_p) \in \chi_{\text{buffer}}^{(T)}$ を学習する。すなわち，ニューラルネットワークのパラメータベクトル $\boldsymbol{\theta}$ は，損失関数が $L(\boldsymbol{\theta}, \chi_{\text{buffer}}^{(T)})$ を最小化するように更新される。しかしながらこの手法では T が大きくなるにつれて $|\chi_{\text{buffer}}^{(T)}|$ も大きくなり，学習に要する時間および計算量も増えていくため，現実的な手法とはいい難い。

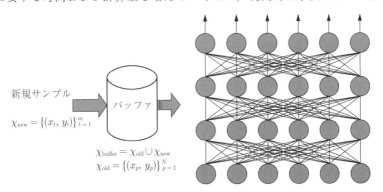

新規サンプル

$\chi_{\text{new}} = \{(x_t, y_t)\}_{t=1}^{m}$

バッファ

$\chi_{\text{buffer}} = \chi_{\text{old}} \cup \chi_{\text{new}}$
$\chi_{\text{old}} = \{(x_p, y_p)\}_{p=1}^{N}$

図 4.2　過去のサンプルすべての再学習を行う追加学習法

---

†　ガウスカーネル関数の分散共分散行列も学習時に更新すればこの問題はある程度解決できる。だがこれを導入すると一つのニューロンの出力を出す入力領域が大きく変化し，大きな忘却を起こすケースもある。

つまり，何らかの方法で再学習させるサンプル数を抑える必要がある。

初期の頃の手法として，山川らは $|\chi_{\text{buffer}}^{T-1}| \leq B$ に制限する一方，$\chi_{\text{buffer}}^{T-1}$ の学習後，$\chi_{\text{buffer}}^{T-1}$ のそれぞれのサンプルに対する誤差（残渣）の小さいサンプル順に順位づけをしておくというアプローチを行った[25]。新規サンプルが提示されると，この残渣が小さいものから $\chi_{\text{buffer}}^{T-1}$ から古いサンプルを削除したうえで新規サンプル $\chi_{\text{new}}^{(T)}$ をバッファに加える。すなわち，$\chi_{\text{buffer}}^{(T)} = \{\chi_{\text{buffer}}^{(T-1)} \setminus \chi_{\text{exclude}}\} \cup \chi_{\text{new}}^{(T)}$ とし（χ_{exclude} はバッファから取り除くサンプルの集合を表す），この結果 $|\chi_{\text{buffer}}^{T}| = B$ に保たれる。すなわち，学習後残渣誤差の小さいサンプルは再学習する必要性が少ないものとみなしてバッファから取り除くシンプルな手法である。ただしこの手法では，新規サンプルの分布によってはすでにバッファから取り除いたサンプルに対する記憶に干渉を与える恐れがある。

最近になって上記の手法と同じく，バッファに過去のサンプルを保持して再学習させる手法が文献26) により提案されている。この手法は**ナイーブリハーサル**[†1]（naive rehearsal）**法**と呼ばれ，一定容量のバッファに過去のサンプルをランダムに選択して保持し，これを再学習に使用する。彼らの論文によれば，このシンプルな手法であっても大きな忘却抑制能力があることが示されている。ほかにも似たリハーサル手法が提案されているが，文献27) でも詳しく解説されているように，ベンチマークテスト[†2]では追加学習を多数回繰り返す状況下であっても忘却抑制効果が高い。

本書では最もシンプルな手法であるナイーブリハーサル法を一例としてプログラムを組んでみよう。図 4.2 で示した手法に新たに一定容量のバッファを表現する SBuffer クラスを設け，この SBuffer にデータを積み込んでいく。ソースコード **4.3** に Sbuffer クラスの実装例を示す。このクラスの構築方法はいくつもあり得るが，本書では torch.utils.data.Dataset クラスを実装する。

[†1] リハーサルとは心理学用語で，短期記憶の忘却を防いだり，長期記憶に転送したりするために，記憶すべき項目を何度も復唱したり，書き写したりすることである。リハーサル手法は，この心理学用語のリハーサルを参考に考案された手法である。
[†2] 性能比較のためのテストのこと

ソースコード **4.3** Sbuffer クラス

```
1  class SBuffer(torch.utils.data.Dataset):
2      def __init__(self, maxbuffersize, inputXsize, inputYsize, labelSize):
3          self.maxbuffersize = maxbuffersize
4          self.inputXsize = inputXsize
5          self.inputYsize = inputYsize
6          self.labelSize = labelSize
7          self.InputSTensor = torch.zeros(self.maxbuffersize, self.inputXsize, self.
              inputYsize)
8          self.InputTensor = self.InputSTensor.numpy()
9          self.currentBufferSize = 0
10         self.Labels = []
11
12     def __len__(self): #データセットのサイズを返すメソッド
13         return self.currentBufferSize
14
15     def __getitem__(self, idx): #おのおののデータを返すメソッド
16         out_data = self.InputTensor[idx]
17         out_label = self.Labels[idx]
18         return out_data, out_label
19
20     ##1サンプルをバッファに保存する。このときバッファサイズを一定に保つためにランダム
         に置き換え対象となるレコードを指定する##
21     def pushBuffer(self, input, output):
22         if self.currentBufferSize < self.maxbuffersize:
23             self.InputSTensor[self.currentBufferSize] = input.clone()
24             self.Labels.append(output)
25             self.currentBufferSize += 1
26         else:
27             targetIndex = random.randint(0,self.maxbuffersize-1)
28             self.InputSTensor[targetIndex] = input.clone()
29             self.Labels[targetIndex] = output
30         self.InputTensor = self.InputSTensor.clone()
```

こうすることで，後に MINIST を読み込んでまとめたうえで，torch.utils.
data.DataLoader でシャッフルしてバッチデータに分割する操作が容易となる。
SBuffer クラスには，torch.utils.data.Dataset を継承するために実装が義務づ
られるメソッドに加えてデータをバッファに積み込むメソッド pushBuffer() が
実装されている。ソースコード 4.3 の該当個所を以下に示す。

ソースコード **4.3** 12, 15, 23 行目

```
12     def __len__(self): #データセットのサイズを返すメソッド
```

```
15      def __getitem__(self, idx): #おのおののデータを返すメソッド

23      def pushBuffer(self, input, output): #データをバッファに追加するメソッド
```

pushBuffer() は引数として入力ベクトル input, 出力ベクトル (ラベル) output
を引数としてこれをバッファに加える役目をする。すでに積み込んだデータの
個数が上限以下ならばそのまま追加的に積み込むが，上限を超えている場合に
はランダムに既存のデータを選択し，それと引数で与えられたサンプルとを交
換する。

また，torch.utils.data.Dataset クラスを実装するもう一つのクラスとして，
SBuffer クラスで蓄積されたデータセットと MNIST のデータから指定したラ
ベルのデータを取り出して統合する MyMNISTWithBuffer() クラスも用意す
る。このクラスが出力するデータセットが torch.utils.data.DataLoader() に渡
されてシャッフルされ，バッチサイズごとに分割されて階層ネットワークの学
習メソッドに渡される。

これらをもとに実装した，ナイーブリハーサル法を用いた再学習法のコード
をソースコード 4.4 に示す。

ソースコード 4.4　ナイーブリハーサル法を用いた再学習法

```
1    import sys
2    import torch.nn as nn
3    import torch.nn.functional as F
4    import torchvision.datasets as dsets
5    import torchvision.transforms as transforms
6    import torch.optim
7    import torch.utils.data
8    import random
9
10   class MyPerceptron(nn.Module): #多層ネットワークの定義
11                           --中略--
12
13   class SBuffer(torch.utils.data.Dataset): #小容量のバッファを表現
14       ##maxbuffersize:バッファサイズ, inputXsize:入力ベクトルの次元数, inputYsize:ラ
             ベルの次元数##
15       def __init__(self, maxbuffersize, inputXsize, inputYsize, labelSize):
16           self.maxbuffersize = maxbuffersize
17           self.inputXsize = inputXsize
18           self.inputYsize = inputYsize
```

```
19          self.labelSize = labelSize
20          self.InputSTensor = torch.zeros(self.maxbuffersize, self.inputXsize, self
              .inputYsize)
21          self.InputTensor = self.InputSTensor.numpy()
22          self.currentBufferSize = 0
23          self.Labels = []
24
25      def __len__(self): #データセットのサイズを返すメソッド
26          return self.currentBufferSize
27
28      def __getitem__(self, idx): #おのおののデータを返すメソッド
29          out_data = self.InputTensor[idx]
30          out_label = self.Labels[idx]
31          return out_data, out_label
32
33      def pushBuffer(self, input, output): #1 サンプルをバッファにセーブする。
34          if self.currentBufferSize < self.maxbuffersize:
35              self.InputSTensor[self.currentBufferSize] = input.clone()
36              self.Labels.append(output)
37              self.currentBufferSize += 1
38          else:
39              targetIndex = random.randint(0,self.maxbuffersize-1)
40              self.InputSTensor[targetIndex] = input.clone()
41              self.Labels[targetIndex] = output
42          self.InputTensor = self.InputSTensor.clone()
43
44  class MyMNISTWithBuffer(torch.utils.data.Dataset):
45      ##MNIST データセットとバッファ両方のデータを取り出す##
46      def __init__(self, TargetLabels, root, train, transform, download, sbuffer):
47          ##引数で得られたデータを内部変数に保持する##
48          self.transform = transform
49          self.download = download
50          self.tran = train
51          ##MNIST およびバッファを用意##
52          self.newDataset = dsets.MNIST(root='./data', train=True, transform=self.
              transform, download=self.download)
53          self.oldDataset = sbuffer
54          ## 変数の初期化 ##
55          self.datasetSize = 0
56          self.indicies = []
57          self.label = []
58
59          ##MNIST のラベルの一致するデータの個数を数える##
60          for p in range(self.newDataset.__len__()):
61              each_input, each_label = self.newDataset.__getitem__(p)
62              for n in range(len(TargetLabels)):
63                  if each_label == TargetLabels[n]:#ラベルが一致する場合
64                      self.indicies.append(p) #インデックスを self.indicies に保持する
65                      self.datasetSize += 1 #ラベルの一致するデータの個数を数える
```

```
66
67          ## 配列の割付け ##
68          self.datasetSize += self.oldDataset.__len__() # データのサイズは新しいデー
                タと古いデータのサイズを合計したもの
69          self.mydata = torch.tensor([self.datasetSize,28,28]) # テンソル型の入力デ
                ータ配列を用意する
70          self.mydata = torch.zeros(self.datasetSize, 28, 28) # 上で用意したテンソル
                型データを初期化
71
72          ## 新規サンプルの取り出し ##
73          for p in range(len(self.indicies)): # ラベルの一致する入力データセットを作
                成する
74              each_input, each_label = self.newDataset.__getitem__(self.indicies[p
                ])
75              self.mydata[p] = each_input
76              self.label.append(each_label) # ラベルデータも self.label に保持する
77
78          ## バッファからのサンプルの取り出し ##
79          for p in range(self.oldDataset.__len__()):# 古いデータを取り出す
80              each_input, each_label = self.oldDataset.__getitem__(p)
81              self.mydata[p+len(self.indicies)]=each_input # 新しいデータの後ろに古い
                    ものを入れる
82              self.label.append(each_label) # ラベルもここで取り出す
83          self.data = self.mydata.numpy() # 入力データは Tensor から numpy array に変
                換する必要がある
84
85      def __len__(self): # データセットのサイズを返すメソッド
86          return self.datasetSize
87
88      def __getitem__(self, idx): # おのおののデータを返すメソッド
89          out_data = self.data[idx]
90          out_label = self.label[idx]
91          if self.transform:
92              out_data = self.transform(out_data) # ラベルデータの変換
93          return out_data, out_label
94
95      ## バッファにデータを積み込むメソッド ##
96      def pushBuffer(self):
97          for p in range(len(self.indicies)): # ラベルの一致する入力データセットを作
                成する
98              each_input, each_label = self.newDataset.__getitem__(self.indicies[p
                ])
99              self.oldDataset.pushBuffer(each_input, each_label)
100
101 class main():
102     def __init__(self, num_division, bufferSizeGain):
103         print(" main() _init_() started!")
104         self.input_size = 784
105         self.hidden_size = 500
```

```
106        self.num_classes = 10
107        self.batch_size = 50
108        self.num_division = num_division
109
110
111        self.label_step = int(10/self.num_division)
112
113        ## テストデータセットを先に用意 ##
114        self.test_dataset = dsets.MNIST(root='./data', train=False, transform=
               transforms.ToTensor(), download=True)
115        test_loader = torch.utils.data.DataLoader(dataset=self.test_dataset,
116        batch_size=self.batch_size, shuffle=False)
117
118        ## GPU もしくは CPU の選択 device の自動選択 ##
119        self.device = torch.device("cuda:0" if torch.cuda.is_available() else "
               cpu")
120
121        self.criterion = nn.CrossEntropyLoss().to(self.device)
122        self.model = MyPerceptron(self.input_size, self.hidden_size, self.
               num_classes, self.device) # パーセプトロンのインスタンス化
123        self.model = self.model.to(self.device) # 計算するデバイスに適応させる
124        self.optimizer = torch.optim.Adagrad(self.model.parameters(True), lr
               =0.01)
125        sampleSizePerRound = int(60000/self.num_division)
126        buffersize = int(sampleSizePerRound * bufferSizeGain)
127        self.sbuffer = SBuffer(buffersize,28,28,10)
128        print("buffersize = %s (sample size per round: %s) bufferSizeGain=%s" %(
               buffersize, sampleSizePerRound, bufferSizeGain))
129
130        ## 追加学習を self.num_devision 回繰り返す ##
131        Acc = []
132        for n in range(0, self.num_division):
133            target_labels = []
134            for l in range(n*self.label_step, (n+1)*self.label_step):
135                target_labels.append(l)
136
137            ## 学習用・テスト用データをロードする ##
138            self.train_dataset = MyMNISTWithBuffer(target_labels, './data', True,
                   transforms.ToTensor(),True,self.sbuffer)
139            totalloss = 0 # 変数初期化
140            totalacc = 0 # 変数初期化
141            for i in range(100): # 100 回繰り返す
142                train_loader = torch.utils.data.DataLoader(dataset=self.
                       train_dataset, batch_size=100, shuffle=True)
143                err, acc = self.learning(self.model, train_loader) # ミニバッチ学習
144                print("%s : err=%s acc=%s" %(i, err, acc))
145                totalloss += err
146                totalacc += acc
147                train_loss = totalloss / (100*len(self.train_dataset)) # 平均誤差算
```

```
148          totalacc = totalacc / (100*len(self.train_dataset)) #平均正解率算
                 出
149          print("averaged train loss = %s, accuracy = %s" %(train_loss,
                 totalacc))
150          print("Accuracy matrix = %s" %(AccMatrix))
151          for c in range(10):
152              print("%s : %s " %(c, (float)(AccMatrix[c][c].item()/class_size[c
                 ].item())))
153          Acc.append(testerr)
154          self.train_dataset.pushBuffer()
155      ##誤差の一覧表示##
156      for n in range(0, len(Acc)):
157          print("Acc[%s]=%s" %(n, Acc[n]))
158
159  ##学習アルゴリズム##
160  def learning(self, model, train_loader):
161      totalloss = 0 #変数初期化
162      totalacc = 0 #変数初期化2
163      for index, (images, labels) in enumerate(train_loader):
164          images = images.view(-1,28*28)
165          if index==0:
166              print("Main.learning() labels=%s" %(labels))
167          self.optimizer.zero_grad()
168          outputs = model(images) #出力を求める
169          outputs = outputs.to(self.device) #計算デバイスに適応させる
170          labels = labels.to(self.device)
171          loss = self.criterion(outputs, labels)
172          totalloss += loss.item()
173          acc = (self.getLabel(outputs) == labels).sum() #正解数を数える
174          totalacc += acc.item();
175          loss.backward()
176          self.optimizer.step()
177      return totalloss, totalacc
178
179  def evaluation(self, data_loader):
180      totalacc = 0
181      each_acc = torch.zeros([10,10])
182      class_size = torch.zeros([10])
183      for index, (images, labels) in enumerate(data_loader):
184          images = images.view(-1, 28*28)
185          images = images.to(self.device)
186          outputs = self.model(images)
187          outputs = outputs.to(self.device)
188          labels = labels.to(self.device)
189          acc = (self.getLabel(outputs)==labels).sum()
190          actuallabels = self.getLabel(outputs)
191          for p in range(len(labels)):
192              each_acc[labels[p].item()][actuallabels[p].item()] += 1
```

```
193                 class_size[labels[p].item()] += 1
194             totalacc += acc.item();
195         return totalacc, each_acc, class_size
196
197     def getLabel(self, outputs):
198     #print("getLabel() outputs=%s label=%s" %(outputs, outputs.max(1)[1]) )
199         return outputs.max(1)[1]
200
201 if __name__ == "__main__":
202     if len(sys.argv) < 2:
203         print("Usage python3.6 NaiveRehearsal [# of rounds][buffer size gain]")
204     else:
205         MAIN = main(int(sys.argv[1]), float(sys.argv[2]))
```

4.2.2 実 行 例

ソースコード 4.4 を実行してみよう。まずコマンドラインオプションを表示させてみよう。

python3.6 NaiveRehearsal.py

Usage python3.6 NaiveRehearsal [# of rounds][buffer size gain]

第1引数は何回追加学習を行うかを指定する。例えば，これを2とすると1回目の学習で'0'から'4'の学習が行われ，2回目に'5'から'9'の追加学習が行われる。第2引数は1回の学習で提示される新規サンプルの個数に対するバッファサイズの割合を指定する。これを例えば2とすると1回当りに提示される新規サンプル数の2倍のサイズのバッファをもつことを意味する。ここでは5として1回当り2文字ずつ学習するようにするとともに，バッファサイズを1回当りに提示される新規サンプル数と同数にしてみよう。

◎ソースコード 4.4 の実行結果

```
python3.6 NaiveRehearsal.py 5 1.0
buffersize = 12000 (sample size per round: 12000) bufferSizeGain=1.0
MyMNISTWithBuffer() newdatasetSize=12665
MyMNISTWithBuffer() olddatasetSize=0
MyMNISTWithBuffer() totaldatasetSize=12665
Main.learning() labels=tensor([1, 1, 0, 0, 0, 0, 0, 0, 0, 0, 1, 0, 1,
        0, 0, 0, 0, 1, 0, 1, 1, 0, 1, 1, 1, 1, 0, 0, 0, 1, 1, 1, 0, 0,
```

```
    0, 0, 1, 1, 0, 1, 0, 1, 1, 0, 1, 1, 1, 1, 0, 1, 0, 0, 1, 0, 1,
    1, 1, 0, 0, 0, 1, 1, 0, 0, 0, 0, 0, 0, 0, 1, 1, 0, 0, 0, 0, 1,
    1, 1, 1, 0, 1, 1, 0, 0, 1, 0, 0, 0, 1, 0, 1, 0, 1, 1, 1, 1, 0,
    1, 0, 1])
0 : err=291.16598987579346 acc=10872
averaged train loss = 0.00022989813649884996, accuracy = 0.00858428740
    6237663
Main.learning() labels=tensor([0, 0, 1, 0, 1, 1, 0, 0, 1, 1, 0, 1, 0,
    0, 0, 1, 1, 1, 1, 0, 1, 0, 1, 1, 1, 0, 1, 0, 0, 0, 1, 1, 1, 0, 1,
    1, 1, 0, 1, 0, 0, 1, 0, 1, 0, 1, 0, 1, 1, 0, 0, 0, 1, 0, 1, 0,
    0, 1, 0, 0, 0, 1, 1, 1, 1, 0, 1, 0, 1, 1, 0, 0, 1, 1, 0, 0, 1,
    0, 1, 1, 1, 1, 1, 0, 1, 1, 1, 1, 0, 0, 1, 0, 0, 0, 0, 0, 0, 1,
    0, 1, 1])
1 : err=291.15455174446106 acc=12125
averaged train loss = 0.0004597872417056885, accuracy = 0.009573634886
    922549
Main.learning() labels=tensor([0, 0, 1, 0, 1, 1, 1, 0, 0, 1, 0, 0, 0,
    1, 0, 1, 0, 1, 1, 1, 0, 1, 0, 1, 1, 1, 0, 0, 1, 1, 0, 1, 1, 1,
    1, 0, 0, 1, 1, 0, 0, 1, 0, 0, 0, 1, 0, 0, 0, 0, 0, 1, 1, 1, 1,
    0, 0, 1, 0, 1, 1, 1, 0, 0, 0, 0, 0, 0, 1, 0, 0, 1, 1, 1, 0, 1,
    1, 0, 1, 1, 0, 0, 1, 0, 1, 0, 0, 1, 1, 0, 1, 1, 1, 0, 0, 1, 1,
    1, 1, 1])
2 : err=291.1543142795563 acc=12361
averaged train loss = 0.0006896761594155632, accuracy = 0.009759975976
    024387
Main.learning() labels=tensor([1, 0, 0, 0, 0, 1, 0, 1, 1, 1, 0, 0, 0,
    0, 1, 0, 1, 1, 1, 1, 1, 1, 1, 1, 1, 1, 1, 0, 1, 1, 0, 1, 0, 1, 0,
    1, 1, 1, 0, 1, 1, 1, 1, 1, 1, 0, 1, 0, 0, 1, 0, 1, 1, 1, 1, 1,
    0, 1, 1, 0, 0, 0, 0, 1, 1, 1, 0, 1, 0, 0, 0, 1, 1, 1, 1, 0, 1,
    1, 1, 0, 1, 0,
```

ーー中略ーー

```
0 : 0.9979591836734694
1 : 0.9991189427312775
2 : 0.01065891472868217
3 : 0.03663366336633663
4 : 0.0814663951120163       ←|1回目の学習後の正解率|
5 : 0.02914798206278027
6 : 0.003131524008350731
7 : 0.009727626459143969
8 : 0.1026694045174538
9 : 0.04261645193260654
```

ーー中略ーー

```
0 : 0.9918367346938776
```

```
1 : 0.9903083700440528
2 : 0.9651162790697675
3 : 0.9772277227722772
4 : 0.20672097759674135      ←2 回目の学習後の正解率
5 : 0.02914798206278027
6 : 0.05323590814196242
7 : 0.09727626459143969
8 : 0.03696098562628337
9 : 0.11793855302279485


              --中略--
0 : 0.9785714285714285
1 : 0.9709251101321585
2 : 0.9496124031007752
3 : 0.9534653465346534
4 : 0.9572301425661914      ←5 回目の学習後の正解率
5 : 0.9551569506726457
6 : 0.9791231732776617
7 : 0.953307392996109
8 : 0.9507186858316222
9 : 0.9444995044598612
```

　このように 5 回目の学習が終了した時点で，すべての文字に対する正解率が90%を超えており，バッファのサイズを 1 回に与えられる新規サンプル数と同じ数だけ用意しておくだけでもかなり忘却を防ぎながら追加学習ができていることがわかる。当然ながらこのパフォーマンスは一度に提示されるサンプル数とバッファサイズによって影響を受ける。

　このような再学習は生物の脳においても行われている可能性が指摘されている。脳の中には**海馬**（hippocampus）と呼ばれる部位が存在するが，この部位が交通事故などで損傷を受けると新しい事柄を記憶できなくなるケースがある。どうやら私たちの記憶が形成されるには，新しい情報が海馬を経由することが重要らしい。ところで，この海馬は容量的には非常に小さな連想メモリであると考えられているが，一部の研究者はこの海馬がリプレー，すなわち再学習を行うためのバッファの役割を果たしているとの説を唱えている[28]。例えば，ネズミの脳の海馬の研究[29],[30]によれば，レム睡眠中の海馬は起きて活動しているときと同じ発火パターンを再生していたと指摘しており，これがリプレー中

の海馬の発火パターンであるのかもしれない。

これまで見てきたように，ナイーブリハーサル手法ではランダムに過去のサンプルを新しいサンプルと入れ替える操作が行われるため，一部のデータはバッファから事実上削除され，そうなると忘却を免れないケースも生じる。この問題を解決するために，ニューラルネットワークから過去の記憶をあらかじめ想起させたうえで再学習させる生成的リプレー手法がいくつか提案されている。例えば，French[31] の手法ではニューラルネットワークに追加学習させる際に，そのパラメータをもう一方のネットワークにコピーしておく。そして，コピーしたネットワークにランダムな入力を与えて出力を算出することで疑似サンプルを生成し，これを再学習に活用する。最近では，**GAN**（generative adversarial networks）と呼ばれるネットワークを使って疑似サンプルを精度よく生成して活用する研究も活発に行われている[32]~[34]。

✦ 4.3　一部のパラメータの変化量を制限する手法 ✦

4.3.1　手 法 の 解 説

破滅的忘却が起きる原因は過去に得た記憶を担うパラメータが後続の追加学習で変化することである。したがって，過去の記憶を担うパラメータが更新されないようにすれば記憶が保たれるはずである。Andrei A. Rusu らは文献35)において，この考えをもとにプログレッシブニューラルネットワークを提案した。このネットワークはあるタスクを学習したネットワークに新たなタスクを学習させる際，古いタスクを学習済みのニューラルネットワークのパラメータを固定したうえで，おのおのの層に新たなニューロンを加える。そして新しいタスクを加えたニューロンの重みパラメータを更新することで学習させ，破滅的忘却を防ぎながらの追加学習を実現する。

しかし，この方式だとタスクが増えるたびにパラメータが増え続けてしまう。そこでつぎに考え出されたのが，パラメータを完全に固定するのではなく，過去の記憶の忘却を起こさない方向に変化を許す手法である[36]。これは EWC （elastic weight consolidation）法と呼ばれている。文献36) によれば，サンプルデータ $\mathcal{D}$ からニューラルネットワークのパラメータ $\boldsymbol{\theta}$ が得られる条件つき確率 $p(\boldsymbol{\theta}|\mathcal{D})$ がベイズルールによって

$$\log p(\boldsymbol{\theta}|\mathcal{D}) = \log p(\mathcal{D}|\boldsymbol{\theta}) + \log p(\boldsymbol{\theta}) - \log p(\mathcal{D}) \tag{4.1}$$

で得られることを考慮すると，タスク A のデータセット $\mathcal{D}_{\mathrm{A}} \in \mathcal{D}$ を学習済みのニューラルネットワークがタスク B のデータセット $\mathcal{D}_{\mathrm{B}} \in \mathcal{D}$ を学習する場合，すなわち

$$\log p(\boldsymbol{\theta}|\mathcal{D}) = \log p(\mathcal{D}_{\mathrm{B}}|\boldsymbol{\theta}) + \log p(\boldsymbol{\theta}|\mathcal{D}_{\mathrm{A}}) - \log p(\mathcal{D}_{\mathrm{B}}) \tag{4.2}$$

の右辺を最大化するように学習するには，事後確率 $p(\boldsymbol{\theta}|\mathcal{D}_{\mathrm{A}})$ と $p(\mathcal{D}_{\mathrm{B}}|\boldsymbol{\theta})$ が大きくなる $\boldsymbol{\theta}$ を選択する必要がある（図 **4.3**）。

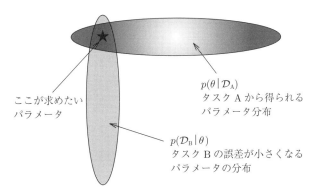

$p(\theta|\mathcal{D}_{\mathrm{A}})$
タスク A から得られる
パラメータ分布

$p(\mathcal{D}_{\mathrm{B}}|\theta)$
タスク B の誤差が小さくなる
パラメータの分布

ここが求めたい
パラメータ

おのおのの楕円で囲まれた領域が $p(\theta|\mathcal{D}_{\mathrm{A}})$ もしくは $p(\mathcal{D}_{\mathrm{B}}|\theta)$ が大きくなる領域である。これらが重なる領域にある★印の位置に相当する θ を求めたい

図 **4.3** EWC 法で求めるパラメータ（★印）

この事後確率 $p(\boldsymbol{\theta}|\mathcal{D}_{\mathrm{A}})$ の中にどのパラメータが重要なのかについての情報が含まれていると考える。それぞれの重要度を F_i とおくと

$$L(\boldsymbol{\theta}) = L_{\mathrm{B}}(\boldsymbol{\theta}) + \sum_i \frac{\lambda}{2} F_i (\theta_i - \theta_{\mathrm{A},i}^*)^2 \tag{4.3}$$

で表される。ここで，$\theta_{A,i}^*$ はタスク A を学習後のパラメータである。つまりタスク B を学習するパラメータ θ_i はタスク A のパラメータから大きく離れないようにする学習であるが，その度合いが係数 F_i で制御される損失関数となる。

それでは三つ目以降のタスクが提示されたときにはどうすればよいだろうか。文献35) ではおおむねつぎのように記述されている。

上記の説明では，式 (4.3) の右辺第 2 項目はタスク A を忘れることによるペナルティを表す項とみなすことができる。タスク C を学習する場合，タスク B を忘れることによるペナルティ項をタスク A のペナルティ項に付加して学習させる。この双方のペナルティ項の和を計算してそれを新たな正則化項とする。すなわち

$$L(\boldsymbol{\theta}) = L_{\text{task}_t}(\boldsymbol{\theta}) + \frac{\lambda}{2} \sum_i \left\{ \sum_{n=1}^{t-1} F_i(n)(\theta_i - \overline{\theta_i}^n)^2 \right\} \tag{4.4}$$

ここで，$\overline{\theta_i}^n$ はおのおののタスクの学習後に得られたパラメータを表す。しかしこのように過去のすべてのタスクのペナルティ項を独立に用意して和をとる形にした場合，過去のタスクの個数分のニューラルネットワークのパラメータを保持せねばならず，計算機のメモリを浪費する意味で現実的ではない。なので，過去のペナルティ項の和を単一のペナルティ項として統合することが望まれる。そこで本稿ではおのおののタスクにおける重要度重みを平均したものと，最後の追加学習後に得られたパラメータ $\overline{\theta_i}^{t-1}$ を使用して，次式のように損失関数を定義する。

$$L(\boldsymbol{\theta}) = L_{task_t}(\boldsymbol{\theta}) + \frac{\lambda}{2} \sum_i \left\{ \overline{F_i}(\theta_i - \overline{\theta_i}^{t-1})^2 \right\} \tag{4.5}$$

この学習法では係数 F_i をいかにして決定するのかが重要である。文献36) では，F_i はフィッシャー情報行列の第 i 対角要素としている。フィッシャー情報行列の定義に従えば，その i,j 成分 F_{ij} は，例えば上記のようにタスク A 学習後の状態からタスク B を学習する際は，つぎの式で示すような対数尤度 $\log p(\boldsymbol{\theta}|\boldsymbol{x})$（$\boldsymbol{x} \in \mathcal{D}_A$）をパラメータベクトルの第 i 成分と第 j 成分で微分したものを掛け合わせ，このタスクの学習サンプルで平均したものになる。

$$F_{ij} = \frac{1}{|\mathcal{D}_A|} \sum_{\boldsymbol{x} \in \mathcal{D}_A} \left[\frac{\partial \log p(\boldsymbol{\theta}|\boldsymbol{x})}{\partial \theta_i} \frac{\partial \log p(\boldsymbol{\theta}|\boldsymbol{x})}{\partial \theta_j} \right] \tag{4.6}$$

つまり，フィッシャー情報行列の対角成分だけを考えるならば

$$F_{ii} = \frac{1}{|\mathcal{D}_A|} \sum_{\boldsymbol{x} \in \mathcal{D}_A} \left[\frac{\partial \log p(\boldsymbol{\theta}|\boldsymbol{x})}{\partial \theta_i} \right]^2 \tag{4.7}$$

となる。この F_{ii} を単に F_i と記す。$\log p(\boldsymbol{\theta}|\boldsymbol{x})$ は学習に使われる損失関数そのものと考えてよい。この例ではタスク A の後に新しいタスクを学習する際の正則項の F_i となるが，一般には複数のタスクをつぎつぎと逐次的に学習するわけであるからつぎのように拡張しておく必要がある。つまり，現在のタスクに関わるデータセットを $\mathcal{D}_T$ とおいたうえで，この追加学習に必要な正則化項に必要な重要度重み $F_i^{(T)}$ を求める際には $\mathcal{D}_{total}(T)$ をタスク T までの総サンプル数として

$$F_i^{(T)} = \frac{1}{|\mathcal{D}_{total}(T)|} \left[\sum_{x \in \mathcal{D}_T} \left[\frac{\partial \log p(\boldsymbol{\theta}|\boldsymbol{x})}{\partial \theta_i} \right]^2 + |\mathcal{D}_{total}(T-1)| F_i^{(T-1)} \right]$$

$$\tag{4.8}$$

となり，すでに使用済みの $F_i^{(T-1)}$ に最後に使用したデータセット $\mathcal{D}_T$ で求めた重要度重みを加える形で求めることができる。

　この意味を理解するには，ここで採用されている学習アルゴリズムの基礎となるベイズ学習法について，その概念を理解しておく必要がある。ベイズ学習法の詳細については，文献37) がわかりやすい。ニューラルネットワークの学習結果は，パラメータベクトルの乱数による初期化の結果や，学習サンプルの与え方によってさまざまである。特にパラメータの個数が学習サンプルの個数よりも多ければ，得られる結果は初期値によって大きくばらつくことになる。この複数の可能性をパラメータの出現確率分布として表して考える。とはいえ，すべての学習結果を集めて吟味するのは現実的ではない。その代わりに，このばらついたパラメータの分布を予測して活用するのがベイズ学習法である。このパラメータの出現確率分布の予測は，分布の中心位置を実際の学習結果とし

て得られたパラメータベクトルそのものとする。そしてその分散を，分布の中心位置での損失関数のフィッシャー行列を使って近似する。いうまでもないことだが，この近似でパラメータの分布全体が正確に得られるわけでは無いことに注意する必要がある。この近似で精度よく予測ができるのはあくまで分布の中心位置付近であり，追加学習によるパラメータの変化量が大きすぎると予測が外れる可能性が高い。

4.3.2 実　　装　　例

それでは EWC 法をプログラミングしてみよう。ここで実現するべきことは損失関数の一階微分を取り出して EWC 法で使用する損失関数を計算することである。PyTorch による一階微分値の取り出し方法について説明することにする。まず**ソースコード 4.5** の簡単な例で説明しよう。例えば $f(x) = (x + 1)^3$ の $x = 3$ における一階微分

$$\frac{df(x)}{dx} = 3(x + 1)^2 \tag{4.9}$$

を実行することを考える。

ソースコード **4.5**　PyTorch による一階微分値の取り出し

```
1  import torch
2  x = torch.tensor([3.], requires_grad=True) #変数 x を定義する。
3  f = (x+1)**3
4  f.backward()
5  print("x.grad = %s" %(x.grad)) #f の一階微分の表示
```

ソースコード 4.5 において，2 行目で変数 x を torch.tensor として定義している。この変数はスカラー値 3.0 として定義されており，"[3.]" としてある。「3」の右隣の「.」が重要で，これがあることによってこの変数が float 型のテンソルになる。つけ忘れると int 型とみなされてテンソルが定義できず，エラーが発生する。そのつぎの行に関数 f を定義している。この関数の一階微分を求めるために f.backward() を実行する。このようにして求められた微分値は，5 行目のように x.grad で取り出せる。この結果，5 行目の表示で x.grad=tensor([48.])

と表示されるはずである。この例では x は要素が 1 個しかないテンソルのため x.grad の要素数も 1 個である。もし x が複数要素をもつテンソルの場合, x.grad はその要素数分の微分値をまとめて返してくることになる。3.3 節で作成した 3 層のニューラルネットワークのプログラムではあらかじめ微分計算部分をプログラミングしたが, torch.nn においては, forward 計算をした際に自動的に「計算グラフ」が作成されて各変数の間の関係がグラフ表現される。これにより後続の微分計算を自動的に実行できるようになる。

ただ, このグラフは $f(x)$ の計算手続きに応じて作成されはするものの, 基本的には backward() を実行するたびに消されてしまう。同じく階層ネットワークの場合も, forward() を計算するたびに計算グラフが作られ, backward() を実行すると消えてしまう性質をもつ。しかしいちいち消されてしまうと, 複数回微分計算をしたいときに困る場合もある。これを解消するために retain_graph=True をセットするとこのグラフが保持され, 微分計算の結果が積算されるようになる。すなわち

f.backward(retain_graph=True)

となる。ただし, こうした場合であっても神経回路の出力値計算を途中でやり直した際にはグラフは消え, 計算結果は保持されないので注意する必要がある。これらのことを念頭に, EWC 法を用いたプログラムを記述しよう。**ソースコード 4.6** に例を示す。

ソースコード **4.6** EWC 法を用いた実装法

```
1  import sys
2  import torch.nn as nn
3  import torch.nn.functional as F
4  import torchvision.datasets as dsets
5  import torchvision.transforms as transforms
6  import torch.optim
7  import torch.utils.data
8  import random
9
10
11 class MyPerceptron(nn.Module): #多層ネットワークの構造定義
```

```
12
13   def __init__(self, input_size, hidden_size, num_classes, device):
14       super(MyPerceptron, self).__init__()
15       self.fc1 = nn.Linear(input_size, hidden_size) #第 1 層目
16       self.fc2 = nn.Linear(hidden_size, hidden_size) #第 2 層目
17       self.fc3 = nn.Linear(hidden_size, num_classes) #第 3 層目
18       self.num_classes = num_classes #出力層のニューロン数
19
20       ##出力値計算x は入力ベクトルを並べたテンソル ##
21   def forward(self, x): #出力計算メソッド定義
22       out = self.fc1(x) #第 1 層目
23       out = F.relu(out) #relu()
24       out = self.fc2(out) #第 2 層目
25       out = F.relu(out) #relu()
26       out = self.fc3(out) #第 3 層
27       return out
28
29   def storeParameters(self, diag_fisher_matrix):#学習結果を保存
30       for n, p in self.named_parameters():
31           n = n.replace('.', '-')
32           ##学習後のパラメータをmean として保存##
33           self.register_buffer('mean{}'.format(n), p.data.clone())
34           ##フィッシャー情報行列をFishermatricies として保存##
35           self.register_buffer('Fishermatricies{}'.format(n),
                   diag_fisher_matrix[n].clone())
36
37   def getLabel(self, outputs):
38       return outputs.max(1)[1]
39
40 class MyMNIST(torch.utils.data.Dataset):
41   ##MNIST データセットのうち TargetLabels[] で指定された特定のラベルのデータだけを
       集めるデータセット (Dataset) 型の実装 ##
42   def __init__(self, TargetLabels, root, train, transform, download):
43       self.transform = transform #データ変換メソッド
44       self.download = download #インターネット上からDL するかどうかのフラグ
45       self.tran = train #学習用かそうでないかのフラグ
46       ##MNIST データセットを別途読み込んでおく ##
47       self.dataset = dsets.MNIST(root='./data', train=True, transform=self.
               transform, download=self.download)
48       self.datasetSize = 0 #データセットのサイズ
49       self.indicies = [] #収集するべきデータのインデックス配列
50       self.label = [] #ラベルデータ配列
51       ##TargetLabels[]にマッチするデータを収集##
52       for p in range(self.dataset.__len__()):
53           each_input, each_label = self.dataset.__getitem__(p)
54           for n in range(len(TargetLabels)):
55               if each_label == TargetLabels[n]:#ラベルが一致する場合
56                   self.indicies.append(p) #インデックスを self.indicies に保持する
57                   self.datasetSize += 1 #ラベルの一致するデータの個数を数える
```

```
58      self.mydata = torch.tensor([self.datasetSize,28,28]) #テンソル型の入力デ
            ータ配列を用意する
59      self.mydata = torch.zeros(self.datasetSize, 28, 28) #上で用意したテンソル
            型データを初期化
60      for p in range(self.datasetSize): #ラベルの一致する入力データセットを作成
            する
61          each_input, each_label = self.dataset.__getitem__(self.indicies[p]) #
                indicies[] で指定されたレコードを読み込む
62          self.mydata[p] = each_input #読み込んだ入力を mydata[] に積み込む
63          self.label.append(each_label) #ラベルデータも self.label に保持する
64      self.data = self.mydata.numpy() #入力データは Tensor から numpy array に変
            換する必要がある
65
66  def __len__(self): #データセットのサイズを返すメソッド
67      return self.datasetSize
68
69  def __getitem__(self, idx): #おのおののデータを返すメソッド
70      out_data = self.data[idx]
71      out_label = self.label[idx]
72      if self.transform:
73          out_data = self.transform(out_data) #ラベルデータの変換
74      return out_data, out_label
75
76
77  class main():
78      def __init__(self, hidden_size, num_division, myLambda, numIterations):
79          print(" main() _init_() started!")
80          self.input_size = 784
81          self.hidden_size = hidden_size
82          self.num_classes = 10
83          self.batch_size = 8000
84          self.num_division = num_division
85          self.myLambda = myLambda
86          self.label_step = int(10/self.num_division)
87          self.criterion = nn.CrossEntropyLoss() #クロスエントロピーロスを使用
88
89          ##テストデータセットを用意##
90          self.test_dataset = dsets.MNIST(root='./data', train=False, transform=
                transforms.ToTensor())
91          test_loader = torch.utils.data.DataLoader(dataset=self.test_dataset, \
92                                              batch_size=10000, shuffle=False)
93
94          ##GPU もしくは CPU の選択　device の自動選択##
95          self.device = torch.device("cuda:0" if torch.cuda.is_available() else "
                cpu")
96          ##パーセプトロンクラスのインスタンス化##
97          self.model = MyPerceptron(self.input_size, self.hidden_size, self.
                num_classes, self.device)
98          ##パーセプトロンオブジェクトを演算を実行するデバイスに作成##
```

```
 99    self.model = self.model.to(self.device)
100    self.optimizer = torch.optim.Adagrad(self.model.parameters(True), lr
       =0.001)
101    print(self.model) #ネットワーク構造を表示
102    print("Lambda=%s" %(self.myLambda))
103    print("NumIterations=%s" %(numIterations))
104    Acc = [] #正解率
105    for n in range(0, self.num_division):
106        ## このラウンドで学習させるラベルを target_labels にセットする ##
107        target_labels = []
108        for l in range(n*self.label_step, (n+1)*self.label_step):
109            target_labels.append(l)
110        ## target_labels[] に従って学習用データをロードする ##
111        self.train_dataset = MyMNIST(target_labels, './data', True,
           transforms.ToTensor(),True)
112        print("Main().datasetsize=%s" %(self.train_dataset.__len__()))
113
114        ## tran_dataset から train_loader を用意する ##
115        train_loader = torch.utils.data.DataLoader(dataset=self.train_dataset
           , \
116        batch_size=self.batch_size, shuffle=True)
117
118        totalloss = 0 #総合ロスを初期化
119        totalacc = 0 #総正解率を初期化
120        for i in range(numIterations): #numIteration epoch 繰り返す
121            if n == 0:
122                err = self.learning(train_loader, 0) #初期学習
123            else:
124                err = self.learning(train_loader, self.myLambda) #追加学習
125            print("%s : err=%s" %(i, err))
126            totalloss += err
127            train_loss = totalloss / (self.batch_size*len(self.train_dataset
               )) #平均誤差算出
128            print("averaged train loss = %s" %(train_loss)) #表示
129
130        ## 別途バッチサイズを 1 にした train_loader を用意する ##
131        train_loader = torch.utils.data.DataLoader(dataset=self.train_dataset
           , batch_size=1, \
132        shuffle=True)
133        Fisher = self.getFisherMatrix(train_loader) #fisher 行列を計算
134        self.model.storeParameters(Fisher) #学習結果と fisher 行列を保存
135
136        testerr, AccMatrix, class_size = self.evaluation(test_loader) #
           テスト用サンプルでの誤差計測
137        print("Accuracy matrix = %s" %(AccMatrix))
138        for c in range(10):
139            print("%s : %s " %(c, (float)(AccMatrix[c][c].item()/class_size[c
               ].item())))
140        Acc.append(testerr)
```

```
141        ## 誤差の一覧表示 ##
142        for n in range(0, len(Acc)):
143            print("Acc[%s]=%s" %(n, Acc[n]))
144
145    ## フィッシャー行列の計算 (対角成分のみ) ##
146    def getFisherMatrix(self, train_loader):
147        self.model.eval() # ドロップアウトは使用しないモードにする
148        self.Fisher = {} # Fisher 行列の対角成分
149        self.optimizer.zero_grad()
150        IsFirstIteration = False
151        for index, (images, labels) in enumerate(train_loader):
152            images = images.view(-1,28*28)
153            batchSize = len(labels)
154            images = images.to(self.device) # image を演算を実行するデバイスに作成
155            outputs = self.model(images) # image に対する出力を求める
156            labels = labels.to(self.device) # label を演算を実行するデバイスに作成
157            loss = self.criterion(outputs, labels).to(self.device)
158            loss.backward()
159
160            ## 現在のタスクに対するフィッシャー情報行列を得る ##
161            for n, p in self.model.named_parameters():
162                n = n.replace('.', '-')
163                try:
164                    ## 最後に保持したフィッシャー情報行列を読み込む ##
165                    if index == 0 :
166                        self.Fisher[n] =getattr(self.model, 'Fishermatricies{}'.
                            format(n))
167                    ## 最新のフィッシャー情報行列を作る ##
168                    self.Fisher[n] += (1/(index+self.totalN))*((p.grad ** 2)/
                        batchSize - self.Fisher[n])
169                except AttributeError:
170                    IsFirstIteration = True
171                    self.Fisher[n] = (p.grad ** 2) / batchSize
172        self.totalN += index # 総学習サンプル数をセット
173        return self.Fisher
174
175    ## 正則化項の定義 ##
176    def EWCPenarty(self):
177        loss = 0
178        for n, p in self.model.named_parameters():
179            n = n.replace('.', '-')
180            mean = getattr(self.model, 'mean{}'.format(n)).detach()
181            diag_fisher = getattr(self.model, 'Fishermatricies{}'.format(n))
182            each_loss = diag_fisher * ((p - mean) ** 2)
183            loss += each_loss.sum()
184        return loss
185
186    ## 学習 ##
187    def learning(self, train_loader, lamda):
```

```
188         self.model.train() #学習モード (ドロップアウトを有効にする)
189         totalloss = 0 #変数初期化
190
191         ## train_loader からチャンクごとにデータを取り出す。##
192         for index, (images, labels) in enumerate(train_loader):
193             images = images.view(-1,28*28) #images は一つのチャンクを表すテンソル。
194             images = images.to(self.device)
195             ## デバッグ用にラベルを表示 (いま何を学習しているのかを表示) ##
196             batchSize = len(labels)
197             if index==0:
198                 print("MyPerceptron.learning() labels=%s" %(labels))
199
200             ## 勾配の積算値をゼロリセット ##
201             self.optimizer.zero_grad()
202
203             outputs = self.model(images) #
                    出力を求める (チャンク分全部を一度に求める)
204             labels = labels.to(self.device) #
                    教師データとしてのラベルを演算を実行するデバイスに作成
205             if lamda == 0:
206                 loss = self.criterion(outputs, labels) #
                        損失関数=新規サンプルの損失 (初回のみ)
207             else:
208                 loss = self.criterion(outputs, labels) + 0.5 * lamda * self.
                        EWCPenarty() #損失関数=新規サンプルの損失 + EWC ペナルティ
209             loss.backward()
210             totalloss += loss.item()
211             self.optimizer.step() #パラメータ更新
212         return totalloss
213
214     def evaluation(self, data_loader):
215         totalacc = 0
216         each_acc = torch.zeros([10,10])
217         class_size = torch.zeros([10])
218         for index, (images, labels) in enumerate(data_loader):
219             images = images.view(-1, 28*28)
220             images = images.to(self.device)
221             outputs = self.model(images)
222             labels = labels.to(self.device)
223             acc = (self.model.getLabel(outputs)==labels).sum()
224             actuallabels = self.model.getLabel(outputs)
225             for p in range(len(labels)):
226                 each_acc[labels[p].item()][actuallabels[p].item()] += 1
227                 class_size[labels[p].item()] += 1
228             totalacc += acc.item();
229         return totalacc, each_acc, class_size
230
231
232 if __name__ == "__main__":
```

```
233    if len(sys.argv) < 5:
234        print("Usage python3.6 EWC [# of hiddenUnits][# of rounds][lambda value][
               number of iterations]")
235    else:
236        MAIN = main(int(sys.argv[1]), int(sys.argv[2]), float(sys.argv[3]), int(
               sys.argv[4]))
```

class MyPerceptron(nn.Module) および foward() に関してはソースコード 3.5 とほぼ同じである。この手法では追加学習を複数回繰り返すが，1 度の追加学習の結果を保存し，つぎの学習時に正則化項の計算に活用する。

ソースコード 4.7 にこのためのメソッド storeParameters() を用意してある。このメソッドには本プログラムの中で頻繁に扱っているニューラルネットワーク全体のパラメータを取り出して処理する基本的な部分が存在する。この部分はパラメータの取り出しと処理方法を学ぶ基礎的な部分なので先に説明しておこう。まず，コードの 3 行目にある for ループによってパーセプトロン内部のパラメータを変数 n と p としておのおのの層の重み，閾値ごとに取り出すことができる。ここで，n はそのモジュールにつけられた名前が渡される。例えば第 1 層目のシナプス結合重みのパラメータには fc1.weight，閾値には fc1.bias のように名前がつけられている。この名前は for ループを繰り返すごとに n に渡される。一方，p は n と同時に渡されるパラメータを表しており，fc1.weight，fc1.bias のようにそれぞれがテンソルとして取り出せる。このようなしくみでユーザは簡単にパラメータにアクセスすることができる。こうして取り出したパラメータを，ここでは MyPerceptron のインスタンスの中に別のレジスタを用意して格納している。これを行うのが self.register_buffer('mean{}'.format(n), p.data.clone()) で，学習後のパラメータを分布の中心として mean{fc1_weight} や mean{fc1_bias} という名前のレジスタ†に保存する。

ソースコード 4.7 学習結果の保存

```
1    def storeParameters(self, diag_fisher_matrix):
2        ##最後の学習結果を保存##
```

---

† このレジスタにつける名前には，「.」を含んではいけないことになっている。そこで n として取り出した名前の文字列のうち「.」は「-」に置き換えている。

```
3      for n, p in self.named_parameters():
4          n = n.replace('.', '-')
5          try:
6              self.register_buffer('mean{}'.format(n), p.data.clone())
7          except AttributeError:
8              self.register_buffer('mean{}'.format(n), p.data.clone())
9          self.register_buffer('Fishermatricies{}'.format(n), diag_fisher_matrix
               [n].clone())
```

追加学習プロセス全体は class main() に記述した。その核心部分を抜き出したものをソースコード **4.8** に示す。これは self.learning() で初期学習・追加学習を行い、続いて fisher 行列を計算し、学習結果とともに保存するという操作を繰り返す。self.learning() では fisher 行列を使って EWC の正則化項を用意し、新しいサンプルの誤差とこの正則化項を組み合わせた損失関数を使って学習を行う。このメソッドの第二引数は λ であり、正則化項の重要度の重みである。

ソースコード **4.8**　main() クラスコンストラクタ（抜粋）

```
1      for n in range(0, self.num_division): #追加学習する回数だけ繰り返す
2              --中略--
3          ## target_labels[]に従って学習用データをロードする ##
4          self.train_dataset = MyMNIST(target_labels, './data', True, transforms
               .ToTensor(),True)
5          print("Main().datasetsize=%s" %(self.train_dataset.__len__()))
6
7          ## tran_dataset から train_loader を用意する ##
8          train_loader = torch.utils.data.DataLoader(dataset=self.train_dataset,
               \
9          batch_size=self.batch_size, shuffle=True)
10
11         totalloss = 0 #総合ロスを初期化
12         totalacc = 0 #総正解率を初期化
13         for i in range(numIterations): #numIteration epoch 繰り返す
14             if n == 0:
15                 err = self.learning(train_loader, 0) #初期学習
16             else:
17                 err = self.learning(train_loader, self.myLambda) #追加学習
18             print("%s : err=%s" %(i, err))
19             totalloss += err
20             train_loss = totalloss / (self.batch_size*len(self.train_dataset))
                   #平均誤差算出
21             print("averaged train loss = %s" %(train_loss)) #表示
22
23         ## 別途バッチサイズを 1にしたtrain_loader を用意する ##
```

```
24        train_loader = torch.utils.data.DataLoader(dataset=self.train_dataset,
             batch_size=1, \
25        shuffle=True)
26        Fisher = self.getFisherMatrix(train_loader) #フィッシャー行列を計算
27        self.model.storeParameters(Fisher) #学習結果とフィッシャー行列を保存
```

learning() メソッドは, main クラス内部に定義されてある。このメソッド内部では基本的には以下の 4 行を実行する。

loss = self.criterion(outputs, labels) + lambda * \

self.EWCPenarty()

loss.backward()

optimizer.step()

この中の self.EWCPenarty() が正則化項であり fisher 行列から正則化項を作り出している。ソースコード **4.9** に該当箇所を示す。

ソースコード **4.9**　　正則化項を生成する EWCPenarty()

```
1     def EWCPenarty(self):
2         loss = 0
3         for n, p in self.model.named_parameters():
4             n = n.replace('.', '-')
5             mean = getattr(self.model, 'mean{}'.format(n)).detach()
6             diag_fisher = getattr(self.model, 'Fishermatricies{}'.format(n))
7             each_loss = diag_fisher * ((p - mean) ** 2)
8             loss += each_loss.sum()
9         return loss
```

ここでは, 本章の最初で説明したニューラルネットワークのパラメータを self.model.named_parameters() から for ループを通して取り出している。このメソッドでは mean および diag_fisher を先に説明した MyPerceptron のインスタンスに保存したレジスタから取り出して使用する。このとき, 取り出したパラメータは固定値として扱うため, 5 行目の末尾に.detach() を加えてある。また, each_loss = diag_fisher * ((p - mean) ** 2) が正則化項そのものになっている。ただし, それぞれがおのおのの層の weight もしくは bias のパラメータをテンソルとして取り出して使用していることに注意が必要である。そのた

め，これらをまとめてスカラとするため loss += each_loss.sum() としている。この正則化項を求めるにあたって必須になるのが fisher 行列の算出であり，メソッド getFisherMatrix() がこれを担う。このメソッドの核となる部分はソースコード **4.10** に示す通りである。

ソースコード **4.10**　メソッド getFisherMatrix()（抜粋）

```
1    def getFisherMatrix(self, train_loader):
2        self.model.eval() #ドロップアウトは使用しないモードにする
3        self.Fisher = {} #Fisher 行列の対角成分
4        self.optimizer.zero_grad()
5        IsFirstIteration = False
6        for index, (images, labels) in enumerate(train_loader):
7            images = images.view(-1,28*28)
8            batchSize = len(labels)
9            images = images.to(self.device) #image を演算を実行するデバイスに作成
10           outputs = self.model(images) #image に対する出力を求める
11           labels = labels.to(self.device) #label を演算を実行するデバイスに作成
12           loss = self.criterion(outputs, labels).to(self.device)
13           loss.backward()
14
15           ##現在のタスクに対するフィッシャー情報行列を得る##
16           for n, p in self.model.named_parameters():
17               n = n.replace('.', '-')
18               try:
19                   ##最後に保持したフィッシャー情報行列を読み込む##
20                   if index == 0 :
21                       self.Fisher[n] =getattr(self.model, \
22                           'Fishermatricies{}'.format(n))
23                   ##最新のフィッシャー情報行列を作る##
24                   self.Fisher[n] += (1/(index+self.totalN))* \
25                       ((p.grad ** 2)/batchSize - self.Fisher[n])
26               except AttributeError:
27                   IsFirstIteration = True
28                   self.Fisher[n] = (p.grad ** 2) / batchSize
29       self.totalN += index #総学習サンプル数をセット
30       return self.Fisher
```

一階微分を求めるため，13行目で loss.backward() を実行し，損失関数の一階微分を実行する。ただしここではバッチサイズを1としており，サンプル1個づつを使用して，損失関数を計算して一階微分を求めている。これらをすべてのサンプルについて平均する必要がある。これを行うために24，25行目で逐次的に平均を求める操作を行っている。これに先立ち，一つ前の追加学習時に保存した

フィッシャー情報行列を 21, 22 行目で読み込んでいる。ただし，初回の学習時には保存されたフィッシャー情報行列は存在しないため，例外処理が発生し，28 行目でフィッシャー情報行列を新しく作成している。また，getFisherMatrix() で使用する train_loader のバッチサイズを 1 にすることが必要である。そのため，ソースコード 4.8 の 24 行目で train_loader のバッチサイズを 1 にしてある。

4.3.3 実 行 例

中間ユニット数 500 とし，MNIST の 2 種類の文字それぞれで 10 エポック提示して追加学習させていったときの実行例を示す。なお，$\lambda = 0.08$ にセットしている。

◎ソースコード 4.6〜4.10 の実行結果

```
                            --前略--

初期学習後の正解率
0 : 0.9989795918367347
1 : 0.9991189427312775
2 : 0.0
3 : 0.0
4 : 0.0
5 : 0.0
6 : 0.0
7 : 0.0
8 : 0.0
9 : 0.0

                            --中略--

5 回目の学習後の正解率
0 : 0.0
1 : 0.9823788546255506
2 : 0.30426356589147285
3 : 0.20693069306930692
4 : 0.7871690427698574
5 : 0.7286995515695067
6 : 0.9634655532359081
7 : 0.8832684824902723
8 : 0.606776180698152
9 : 0.0
```

　このように，完全ではないもののある程度過去の記憶を保ったまま新しい分類クラスを追加学習していることがわかる。だが，ナイーブリハーサル法のように高い識別率は得られず，中には途中でまったく正解できなくなるクラスも散見される。結果の良し悪しは学習させるデータセットやニューラルネットワークの構造によって影響されるであろう。特に同じパラメータのセットを活用しないと学習できないような文字の場合，逐次的に別々に学習させると忘却してしまう可能性が高い。例えば前段に特徴抽出層を介して似た文字どうしであっても特徴ベクトルが離れるようにするならば，さらなる性能向上が期待できる。

　このように EWC 法はまだ発展段階にあり，現段階においては多数回追加学習を繰り返すと，過去の記憶を忘却することがある。だがこの手法は過去のデータを保持することなく忘却抑制できる点でほかより優れており，そのため EWC 法を改良する研究も活発に進められている。例えば文献38) では，フィッシャー情報行列の対角成分だけではなく，非対角成分を使うことでさらに精度の高い EWC を実現する手法が考案されている。このとき非対角成分のすべてを使用すると，巨大なフィッシャー情報行列をコンピュータ内に保持する必要がある。そこで，おのおのの層ごとにフィッシャー情報行列を作成して利用する，などの工夫が施されている。

◆ 4.4　忘却を起こしにくい学習機械の使用 ◆

　多層ニューラルネットワークは，個々のニューロンがたがいに影響を与え合いながらパターン認識を行っている。そのため一つのニューロンの出力が変化しただけでも最終層の出力が変化することに繋がる。前章ではこれを防ぐために，一部の重要なパラメータの変化量を抑えることで忘却の抑制をする手法を紹介した。もう一方の手法として本節では，学習機械の構造を一つひとつの記憶が独立して保持されるようにすることで忘却を防ぐ手法を紹介する。

　基本構造は 2 章で述べた最近傍法である。最近傍法は一つの記憶をプロトタイプとして保持し，新規入力に対して最も近いプロトタイプを探すことでラベ

ルを予測するものであった。プロトタイプはほかのプロトタイプとは独立に保持されるので，たとえ新たなプロトタイプを追加したとしても，推論結果が変化する入力は追加したプロトタイプの近傍に限られる。この手法では，無限にプロトタイプを増やしていけば理論上は正解率が向上し，これによって得られる識別境界線がベイズ識別境界に漸近することはすでに2章で述べた。

だが，この手法でディープニューラルネットワークのような高い認識精度を出すためには非常に多くのプロトタイプを用意する必要がある。それは，近傍法が基本的には多次元入力すべてを同等に扱ってクラスの判別を行うためと解釈できる†。多数のプロトタイプを用意するには，それだけ多くの学習サンプルを提示することが必要となるため，必然的に学習に時間がかかることになる。

これに対して，ディープニューラルネットワークは認識対象に応じて必要な次元（特徴）だけを適切に切り出して，それを判別に利用できる。このような特徴抽出ができていれば，近傍法であってもその特徴空間上に少数のプロトタイプを用意するだけで高い正解率の実現が見込める。つまり，非常に少ない学習回数（保持するプロトタイプ数）で高い正解率を実現する識別器が完成することが期待できるのである。これが，極端に少ない学習回数で学習を行う X-shot 学習機械の基本的な構造である。X-shot 学習機械の構築法はじつはさまざまなものが存在するが，一般には先に述べた特徴抽出器をいかに構築するかが成否の鍵を握っている。

4.4.1 双子ニューラルネットワーク

文献[39]~[42]では**双子ニューラルネットワーク**（Siamese neural networks）を使って特徴を学習させ，指紋認証，筆跡鑑定に応用している。すなわち，それらの装置は二つのまったく同一のパラメータをもつニューラルネットワークで構成されており，一方に鑑定したい指紋パターンや筆跡パターンを提示し，も

---

† 特に認識に不要な特徴を含む入力ベクトルが与えられている場合，その冗長な特徴値が変化したとすると入力ベクトルは大きく変化するため，必要なプロトタイプが増えてしまう。

う一方に登録済みの指紋データを提示する。これらのニューラルネットワーク
は，入力パターンに応じた特徴ベクトルを出力し，もう一方の登録済みの指紋
データを処理するニューラルネットワークの出力特徴と比較して，本人の指紋・
筆跡なのか否かを確率値として出力する仕組みである。学習時には，同一人物
の異なる指紋・筆跡データを双子ニューラルネットワークに入力し，それぞれ
の特徴ベクトルが近づくように学習する一方で，異なる人物同士の指紋・筆跡
データに対してはそれぞれから出力される特徴ベクトルが離れるように学習す
る（**図4.4**）。このようにすると，それぞれのニューラルネットワークは同一人

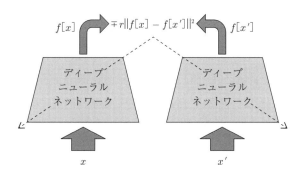

図4.4　双子ニューラルネットワークの学習法

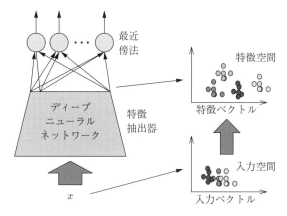

図4.5　学習後の双子ニューラルネットワークの片方を
　　　　使用した特徴抽出器

物の入力データに対してはたがいに近い特徴ベクトルを出力するようになり，逆に異なる人物の入力データに対してはたがいに離れた特徴ベクトルを出力するようになる（図 **4.5**）。このような特徴ベクトルを使ってプロトタイプを作成すれば正解率が向上する可能性が高い。

　そしてこのような枠組みにしておくことで，指紋認証もしくは筆跡鑑定新システムに新たなユーザを登録する際には，そのユーザの指紋・筆跡データをプロトタイプとして追加させるだけでよい。

　この双子ニューラルネットワークの出力ベクトルから，例えば同一人物の指紋がそれぞれ入力されている可能性をつぎのように表す。双子ニューラルネットワークはまったく同じパラメータをもつ二つのニューラルネットワークであるので，この出力ベクトルを $\boldsymbol{f}[\boldsymbol{x}]$ で表す。検証したい入力ベクトルを $\boldsymbol{x}$，その人物が登録した指紋データを $\boldsymbol{x}'$ で表すとすると，この二つのデータから得られる特徴ベクトル間のユークリッド距離は

$$D = \|\boldsymbol{f}[\boldsymbol{x}] - \boldsymbol{f}[\boldsymbol{x}']\| \tag{4.10}$$

で表される。もし $\boldsymbol{x}$ と $\boldsymbol{x}'$ が同一人物の指紋ならば，D はできるだけ小さくあるべきである。しかし，たがいに異なる人物の指紋ならば，D は大きくあるべきである。そこで学習はつぎの損失関数 Contrastive loss（$= L$）を最小化する方向で進められる[42]。

$$L = \frac{1}{2}\left(YD^2 + (1-Y)\{\max(m-D,0)\}^2\right) \tag{4.11}$$

　式 (4.11) において，Y はラベルを表し，$\boldsymbol{x}$ および $\boldsymbol{x}'$ が同じクラスに属するならば $Y=1$，そうでなければ $Y=0$ である。m はマージンを表し，たがいに異なるクラスの特徴ベクトル間の距離がこのマージン以内にある場合には損失関数 L が大きくなる。別の表現をすれば，$\boldsymbol{x}$ と $\boldsymbol{x}'$ が同じクラスの入力のとき，対応する特徴ベクトル $\boldsymbol{f}(\boldsymbol{x})$ と $\boldsymbol{f}(\boldsymbol{x}')$ ができるだけ近づくように学習する。逆に，$\boldsymbol{x}$ と $\boldsymbol{x}'$ がたがいに異なるクラスの入力のときは，$\boldsymbol{f}(\boldsymbol{x})$ と $\boldsymbol{f}(\boldsymbol{x}')$ ができるだけ遠ざかるように学習する。以上のことを踏まえたうえでプログラミングしてみよう。

4.4.2 双子ニューラルネットワークを使った少数ショット学習プログラム

原著論文[39]~[42] ではすべて，双子ニューラルネットワークとして畳み込みニューラルネットワークを使用している。文字認識や画像認識などの場合，畳み込みニューラルネットワークの方が入力パターンの位置ずれや変形を局所的に吸収して最終層の出力ベクトルを計算できるので位置ずれ変形に対して頑強になる。そこで，本書でも簡単な畳込みニューラルネットワークを構築しよう。

(1) 畳み込みニューラルネットワーク

畳み込みニューラルネットワークは，これまで使用していたニューラルネットワークの入力部分に，個々のニューロンが入力面の局所的な領域からのみ入力を受ける**畳み込み層**（convolution layer）と，その層のニューロンの出力を空間的にぼかす**プーリング層**（pooling layer）とを交互に重ねた構造をしたモジュールをつけ加えた形になっている（**図 4.6**）。

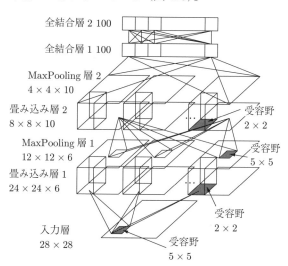

全結合層 2 100
全結合層 1 100
MaxPooling 層 2
$4 \times 4 \times 10$
畳み込み層 2
$8 \times 8 \times 10$
MaxPooling 層 1
$12 \times 12 \times 6$
畳み込み層 1
$24 \times 24 \times 6$
入力層
28×28
受容野
2×2
受容野
5×5
受容野
2×2
受容野
5×5

図 4.6 畳み込みニューラルネットワークの構造

局所的な入力を受けたニューロンが出力を出したとき，それはそのニューロンが入力を受ける領域（受容野という）に，そのニューロンに出力を出させる局所的な特徴が存在することを意味する。そこで，その出力を空間的にぼかすことによ

り入力面の位置ずれを少し許容する。このような位置ずれを少しずつ許容する特徴抽出を複数段繰り返すことで，入力パターンの位置ずれの影響を取り除くだけでなく，変形に強いパターン認識を実現できる[12]。位置ずれを少し許容するプーリング層として，本書では MaxPooling 層を使用する。この MaxPooling 層の各ニューロンは直前の層の特定の受容野から入力を受け取るが，その受容野の中で最も大きな出力を出すニューロンの出力を選択し，それをこの受容野の出力とする。つまり MaxPooling 層の受容野が 2×2 であるとすると，この 2×2 の領域の出力は，最大出力を出すニューロンの出力が 2×2 のどの位置にあったとしても，その最大出力値となる。ちなみに，従来よく使われていた最終2層は畳み込み層と区別するために，**全結合層**（full connection layer, FC）と呼ぶことが多い。

ここで使用する個々の双子ニューラルネットワークのサイズは**表 4.2** のようにセットした。

表 **4.2**　双子ネットワークのサイズ

層	サイズ
入力層	28×28
畳み込み層 1	$24 \times 24 \times 6$
MaxPooling 層 1	$12 \times 12 \times 6$
畳み込み層 2	$8 \times 8 \times 10$
MaxPooling 層 2	$4 \times 4 \times 10$
全結合層 1	160×100
全結合層 2	100×100

ソースコード 4.11 に双子ニューラルネットワークの実装例を示す。最終出力はこれまで使用していた全結合ネットワークの全結合（FC）層二つとする。ただし，二つ必要なニューラルネットワークは実際には同じパラメータをもつニューラルネットワークなので，必ずしも二つ準備する必要はなく，一つ用意すれば十分である。

ソースコード **4.11**　双子ニューラルネットワークの実装例

```
1  import sys
2  from distutils.util import strtobool
3  import torch
4  import torch.nn as nn
```

```
 5  import torch.nn.functional as F
 6  import torch.utils.data
 7  import torchvision.datasets as dsets
 8  import torchvision.transforms as transforms
 9  import torch.optim
10
11  class MyPerceptron(nn.Module):
12      def __init__(self, hidden_size, num_classes, sigma, device):
13          super(MyPerceptron, self).__init__()
14          self.device = device
15          self.hidden_size = hidden_size
16          self.num_classes = num_classes
17          # input:28x28, conv1 24x24x6, MaxPool1 12x12x6, Conv2 8x8x10, MaxPool2 4
                x4x10, FC1 160x100, FC2 100x100
18          self.conv1 = nn.Conv2d(1, 6, 5)
19          self.conv2 = nn.Conv2d(6, 10, 5)
20          self.fc1 = nn.Linear(16*10, self.hidden_size)
21          self.fc2 = nn.Linear(self.hidden_size, self.num_classes)
22          self.sigma = sigma
23
24
25      def forward(self, x):
26          out = F.relu(self.conv1(x)) #畳み込み層 1 の計算
27          out = F.max_pool2d(out, (2,2)) #プーリング層 1 の計算
28          out = F.relu(self.conv2(out)) #畳み込み層 2 の計算
29          out = F.max_pool2d(out, (2,2)) #プーリング層 2 の計算
30          out = out.view(-1, 16*10)
31          out = self.fc1(out) #全結合層 1 の計算
32          out = F.relu(out)
33          out = self.fc2(out) #全結合層 2 の計算
34          out = F.relu(out)
35          return out
36
37      ##特徴ベクトルを返すメソッド##
38      def getFeatureVectors(self, x):
39          out = self.forward(x)
40          return out
41
42      ##入力ベクトルを整形するメソッド##
43      def MyReshapeInput(self, images):
44          images = images.view(-1,1,28,28)
45          return images
46
47  class XShotLearningMachine():
48      def __init__(self, mlp, NumOfClasses, device):
49          self.templete=torch.tensor([1])
50          self.Labels = torch.tensor([1])
51          self.MLP = mlp
52          self.IsScratch = True
```

```
53          self.NumOfClasses = NumOfClasses
54          self.device = device
55
56      def learning(self, train_loader):
57          for index, (images, labels) in enumerate(train_loader):
58              images = self.MLP.MyReshapeInput(images)
59              images = images.to(self.device)
60              outputs = self.MLP.getFeatureVectors(images)
61              if self.IsScratch:
62                  self.templete = outputs.clone()
63                  self.Labels = labels.clone()
64                  self.IsScratch = False
65              else:
66                  self.templete = torch.cat([self.templete, outputs], dim=0)
67                  self.Labels = torch.cat([self.Labels, labels])
68
69      def predictLabel(self, X):
70          outputs = self.MLP.getFeatureVectors(X)
71          FinalOutputs = torch.zeros([len(outputs)])
72          for n in range(len(outputs)):
73              each_input = outputs[n]
74              each_output = torch.zeros([len(self.templete)])
75              for p in range(len(self.templete)):
76                  each_templete = self.templete[p]
77                  dotproduct = torch.dot(each_templete, each_input)
78                  each_output[p] = dotproduct / (each_templete.norm() * each_input.
                        norm())
79
80              FinalOutputs[n] = self.Labels[(each_output.argmax())).item()]
81          return FinalOutputs
82
83      ## テストサンプルを使った評価 ##
84      def evaluation(self, test_loader):
85          totalacc = 0
86          each_acc = torch.zeros([self.NumOfClasses,self.NumOfClasses])
87          class_size = torch.zeros([self.NumOfClasses])
88          for index, (images, labels) in enumerate(test_loader):
89              images = images.to(self.device)
90              images = self.MLP.MyReshapeInput(images)
91              outputs = self.predictLabel(images)
92              acc = (outputs==labels).sum() # 正解数を数える
93              ## 認識結果の表を作成する ##
94              for p in range(len(labels)):
95                  each_acc[labels[p].item()][int(outputs[p].item())] += 1
96                  class_size[labels[p].item()] += 1
97              totalacc += acc.item();
98          return totalacc, each_acc, class_size
99
100     def getLabel(self, outputs):
```

```
101        return outputs.max(1)[1]
102
103    ## 比較のための最近傍法 ##
104    class NearestNeighbourLearningMachine():
105        def __init__(self, NumOfClasses, device):
106            self.templete=torch.tensor([1])
107            self.Labels = torch.tensor([1])
108            self.IsScratch = True
109            self.NumOfClasses = NumOfClasses
110            self.device = device
111
112
113        def learning(self, train_loader):
114            for index, (images, labels) in enumerate(train_loader):
115                images = images.view(-1, 28*28)
116                outputs = images.clone()
117                if self.IsScratch:
118                    self.templete = outputs.clone()
119                    self.Labels = labels.clone()
120                    self.IsScratch = False
121                else:
122                    self.templete = torch.cat([self.templete, outputs], dim=0)
123                    self.Labels = torch.cat([self.Labels, labels])
124
125        def predictLabel(self, X):
126            FinalOutputs = torch.zeros([len(X)])
127            for n in range(len(X)):
128                each_input = X[n].clone()
129                each_output = torch.zeros([len(self.templete)])
130                for p in range(len(self.templete)):
131                    each_templete = self.templete[p]
132                    dotproduct = torch.dot(each_templete, each_input)
133
134                    each_output[p] = dotproduct / (each_templete.norm() * each_input.
                        norm())
135
136                FinalOutputs[n] = self.Labels[(each_output.argmax()).item()]
137            return FinalOutputs
138
139
140        def evaluation(self, test_loader):
141            totalacc = 0
142            each_acc = torch.zeros([self.NumOfClasses,self.NumOfClasses])
143            class_size = torch.zeros([self.NumOfClasses])
144            for index, (images, labels) in enumerate(test_loader):
145                images = images.view(-1, 28*28)
146                outputs = self.predictLabel(images)
147                outputs = outputs.to(self.device)
148                labels = labels.to(self.device)
```

```
149          acc = (outputs==labels).sum()
150          for p in range(len(labels)):
151              each_acc[labels[p].item()][int(outputs[p].item())] += 1
152              class_size[labels[p].item()] += 1
153          totalacc += acc.item();
154      return totalacc, each_acc, class_size
155
156  def getLabel(self, outputs):
157      return outputs.max(1)[1]
158
159 class MyMNIST(torch.utils.data.Dataset):
160     def __init__(self, TargetLabels, rootPath, transform):
161         self.transform = transform
162         self.rootPath = rootPath
163         self.dataset = dsets.MNIST(root=self.rootPath, train=True, transform=self
                .transform, download=True)
164         self.TotalDatasetSize = 0
165         self.indicies = []
166         self.label = []
167         for p in range(self.dataset.__len__()):
168             each_input, each_label = self.dataset.__getitem__(p)
169             for n in range(len(TargetLabels)):
170                 if each_label == TargetLabels[n]:
171                     self.indicies.append(p)
172                     self.label.append(each_label)
173                     self.TotalDatasetSize += 1
174         self.mydata = torch.zeros(self.TotalDatasetSize,32, 32)
175         for p in range(self.TotalDatasetSize):t
176             each_input, each_label = self.dataset.__getitem__(self.indicies[p])
177             self.mydata[p] = each_input
178         self.data = self.mydata.numpy()
179
180
181     def __len__(self):
182         return self.TotalDatasetSize
183
184     def __getitem__(self, idx):
185         out_data = self.data[idx]
186         out_label = self.label[idx]
187         if self.transform:
188             out_data = self.transform(out_data)
189         return out_data, out_label
190
191 class GetFewShotLLData(torch.utils.data.Dataset): #それぞれのラベルデータを指定さ
        れた個数ずつ用意する
192     def __init__(self, TargetLabels, SizeOfEachClass, rootPath, transform):
193         self.transform = transform
194         self.rootPath = rootPath
195         self.dataset = dsets.MNIST(root=self.rootPath, train=True, transform=self
```

```
196          .transform, download=True)
197          self.TotalDatasetSize = 0
198          self.datasetsize = torch.zeros([10])
199          self.indicies = []
200          self.label = []
201          print("GetFewShotLLData() datasetsize = %s" %(self.dataset.__len__()))
202          for p in range(self.dataset.__len__()):
203              each_input, each_label = self.dataset.__getitem__(p)
204              for n in range(len(TargetLabels)):
205                  if each_label == TargetLabels[n]:
206                      if self.datasetsize[TargetLabels[n]].item() < SizeOfEachClass:
207                          self.indicies.append(p)
208                          self.label.append(each_label)
209                          self.TotalDatasetSize += 1
210                          self.datasetsize[TargetLabels[n]] += 1
211
212          self.mydata = torch.zeros(self.TotalDatasetSize, 28, 28)
213          for p in range(self.TotalDatasetSize):
214              each_input, each_label = self.dataset.__getitem__(self.indicies[p])
215              self.mydata[p] = each_input
216          self.data = self.mydata.numpy()
217
218
219      def __len__(self):
220          return self.TotalDatasetSize
221
222      def __getitem__(self, idx):
223          out_data = self.data[idx]
224          out_label = self.label[idx]
225          if self.transform:
226              out_data = self.transform(out_data)
227          return out_data, out_label
228
229  class main():
230      def __init__(self, InitialLearning, parameterfilename, Iterations,
                 Prototypes, NumDivision):
231          print(" main() _init_() started!")
232          self.input_size = 784
233          self.hidden_size = 100
234          self.num_classes = 50
235          self.batch_size = 50
236          self.NumberOfIterations = Iterations
237          self.NumberOfPrototypes = Prototypes
238          self.num_division = NumDivision
239          self.label_step = int(10/self.num_division)
240          print("InitialLearning=%s, parameterfilename=%s, Iterations=%s, number of
                 Prototypes =%s, number of divisions=%s" \
                 %(InitialLearning, parameterfilename, self.NumberOfIterations, self.
                 NumberOfPrototypes, self.num_division))
```

```
241
242        ## データセット ##
243        self.test_dataset = dsets.MNIST(root='./data', train=False, transform=
               transforms.ToTensor(), download=True)
244        test_loader = torch.utils.data.DataLoader(dataset=self.test_dataset,
245                                      batch_size=self.batch_size, shuffle
                                          =True,pin_memory=False)
246        self.train_dataset = dsets.MNIST(root='./data', train=True, transform=
               transforms.ToTensor())
247
248        ## GPU もしくは CPU を自動選択 ##
249        self.device = torch.device("cuda:0" if torch.cuda.is_available() else "
               cpu")
250
251        ## MyPerceptron のインスタンスを得る ##
252        self.model = MyPerceptron(self.hidden_size, self.num_classes,1.0, self.
               device)
253        print("network = %s" %(self.model))
254        if InitialLearning==False: # 初期学習ではない場合,指定したパラメータファイ
               ルを読みこむ
255            print("Parameter file is loaded")
256            self.model.load_state_dict(torch.load(parameterfilename))
257        # self.model -> device
258        self.model = self.model.to(self.device)
259        self.optimizer = torch.optim.Adagrad(self.model.parameters(True), lr
               =0.01)
260        if InitialLearning==True: # 初期学習モード
261            print("Initial Learning is started!")
262            ## 双子ネットワーク学習 ##
263            for i in range(self.NumberOfIterations):
264                train_loader = torch.utils.data.DataLoader(dataset=self.
                       train_dataset, batch_size=10, shuffle=True,pin_memory=False)
265                totalloss = self.SiameseLearning(self.model, train_loader)
266                print("Siamese learning : %s : err=%s" %(i, totalloss))
267            ## 双子ネットワークの学習後のパラメータを保存 ##
268            torch.save(self.model.state_dict(), parameterfilename)
269
270        xshot = XShotLearningMachine(self.model, 10, self.device)
271        NN= NearestNeighbourLearningMachine(10, self.device)
272
273        for n in range(0, self.num_division):
274
275            ## このラウンドで学習させるラベルを target_labels にセットする ##
276            targetLabels = []
277            for l in range(n*self.label_step, (n+1)*self.label_step):
278                targetLabels.append(l)
279            ## 少数ショット学習用のデータを作る ##
280            fewShotllData = GetFewShotLLData(targetLabels, self.
                   NumberOfPrototypes, rootPath='./data', transform=transforms.
```

```
281              ToTensor())
                 train_loader = torch.utils.data.DataLoader(dataset=fewShotllData,
                     batch_size=100, shuffle=True)
282
283              xshot.learning(train_loader)
284              totalacc, AccMatrix, class_size = xshot.evaluation(test_loader)
285              print("----- XShotLL using Siamese Convolutional Network -----")
286              for c in range(10):
287                  print("%s : %s " %(c, (float)(AccMatrix[c][c].item()/class_size[c
                     ].item())))
288
289              print("----- NearestNeighbour -----")
290              NN.learning(train_loader)
291              totalacc, AccMatrix, class_size = NN.evaluation(test_loader)
292              for c in range(10):
293                  print("%s : %s " %(c, (float)(AccMatrix[c][c].item()/class_size[c
                     ].item())))
294
295         def SiameseLearning(self, model, train_loader):
296             totalloss = 0
297             for index, (images, labels) in enumerate(train_loader):
298                 images = images.to(self.device)
299                 labels = labels.to(self.device)
300                 images = model.MyReshapeInput(images)
301                 self.optimizer.zero_grad()
302                 outputs = model.getFeatureVectors(images) ##特徴ベクトル出力を得る##
303                 ##学習サンプルを生成する##
304                 featureUpShift, featureDownShift, UpShiftmatchflugs,
                        DownShiftmatchflugs = self.createChunkData(outputs, labels)
305
306                 loss = self.ContrastiveLoss(outputs, featureDownShift,
                        DownShiftmatchflugs) #下にシフトした特徴に対する誤差
307                 totalloss += loss.item()
308                 loss.backward(retain_graph=True) #1回目の backward()で計算グラフを保
                        持させる
309                 loss = self.ContrastiveLoss(outputs, featureUpShift,
                        UpShiftmatchflugs) #上にシフトした特徴に対する誤差
310                 totalloss += loss.item()
311                 loss.backward() #2回目の backward().これで1回目の backward()で得た勾
                        配に今回得た勾配を加算
312                 self.optimizer.step()
313             return totalloss
314
315
316
317         def createChunkData(self, featureTensor, labelTensor): #双子ニューラルネット
                    ワークのための学習サンプルを作る
318             labelUpShift = torch.roll(labelTensor, -1, dims=0).detach()
319             lableDownShift = torch.roll(labelTensor, 1, dims=0).detach()
```

```
320        featureUpshift = torch.roll(featureTensor, -1, dims=0).detach()
321        featureDownShift = torch.roll(featureTensor, 1, dims=0).detach()
322        ones = torch.ones(labelTensor.size()[0])
323        zeros = torch.zeros(labelTensor.size()[0])
324        ones = ones.to(self.device)
325        zeros = zeros.to(self.device)
326        UpShiftmatchflugs = torch.where(labelTensor==labelUpShift, ones, zeros)
327        DownShiftmatchflugs = torch.where(labelTensor==lableDownShift, ones,
              zeros)
328        return featureUpshift, featureDownShift, UpShiftmatchflugs,
              DownShiftmatchflugs
329
330    def ContrastiveLoss(self, RealFeatureVectors, TargetFeatureVectors,
          MatchFlags):
331        length = len(RealFeatureVectors)
332        diff = TargetFeatureVectors - RealFeatureVectors
333        sqr_distance = torch.mul(diff,diff)
334        sqr_distance = sqr_distance.sum(1).view(-1,1)
335        distance = torch.sqrt(sqr_distance)
336        distance = distance.to(self.device)
337        sqr_distance = sqr_distance.to(self.device)
338        result = torch.tensor([0.])
339        MatchFlags = MatchFlags.view(-1,length,1)
340        result = 0.5 *( torch.mul(MatchFlags, sqr_distance) + (1-MatchFlags)* (F.
              relu(1-distance) ** 2))
341        result = result.view(-1,length) #vertical vector -> horizontal vector
342        result = result.sum()
343        return result.clone()
344
345 if __name__ == "__main__":
346     if len(sys.argv) < 5:
347        print("Usage python3.6 fewshot.py [IntialLearning:True / False][parameter
              filename][Iterations][Prototypes][NumDivision]")
348     else:
349        print("argv[1]=%s bool=%s %s " %(sys.argv[1],strtobool(sys.argv[1]),len(
              sys.argv)))
350        MAIN = main(strtobool(sys.argv[1]), sys.argv[2], int(sys.argv[3]), int(
              sys.argv[4]), int(sys.argv[5]))
```

4.4.3　学習アルゴリズムとデータセットの準備

双子ニューラルネットワークの学習は，ソースコード 4.11 の main クラス（228
行目から 343 行目）に定義された損失関数 ContrastiveLoss(RealFeatureVectors,
TargetFeatureVectors,　MatchFlugs) と学習メソッド Siameselearning

(train_loader) が中心的な役割を果たす。本書ではこのためのデータセットを
既存の MNIST データセットを使って用意することにする。ただしある入力ベ
クトル x のラベルは双子ニューラルネットワークからの出力ベクトル $f[x']$ で
あることに注意する必要がある。また，x と x' がどちらも同一のクラスに属す
るのか，あるいはたがいに異なるクラスに属するのかについて，何らかの形で
ラベル情報に埋め込む必要がある。

　これを行うメソッドは，ソースコード 4.11 の main クラスのメソッド create-
ChunkData(featureTensor, labelTensor) である。このメソッドの二つの引数
は一定数の学習サンプルの入力ベクトルのテンソルとラベルのテンソルである。
このメソッドは def Siameselearning(self, train_loader) のおのおののエポック
ごとに 304 行目で呼び出すようになっている。またこのクラスでは双子ネット
ワークの学習を擬似的に実現するため，図 4.7 に示すように train_loader の一
つのチャンクデータについて，入力ベクトルそれぞれに対してニューラルネッ
トワークの特徴抽出層（FC2 層）の出力値を求める。この特徴抽出層の出力値
はラベルとして扱われるが，このままでは自ら出力した特徴ベクトルをラベル
にすることになり，意味がない。そこで，この特徴抽出層の出力値のテンソル
を torch.fill() を使ってベルトコンベアのように一行ずつ対応する入力ベクトル

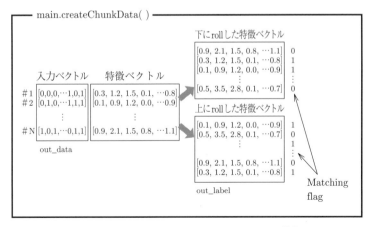

図 **4.7**　main クラスの createChunkData の働き

からずらしたものをラベルとする。このようなずらし方は，これ以外にも幾通りも考えられるが，本書では下方向と上方向の 2 方向に一つずつずらしたものを用意した。さらに，このようにずらした特徴ベクトルについて，対応するクラスが入力ベクトルのクラスと一致するか否かを Matching flag に {1,0} としてセットし，これを損失関数の計算に利用する。こちらも上方向と下方向の 2 種類の Mathcing flag を用意する。

　学習の際には図 4.7 のように用意したデータセットをチャンクごとに学習させる。ただし，ここで注意するべきは，一つの入力ベクトルに対してシフトさせたラベルを二種類学習させるという点である。そのため，ContrastiveLoss() で定義してある損失関数の勾配を 2 種類計算して，それらを積算させる必要がある。そこでソースコード 4.11 の 308 行目で計算グラフを維持するように "loss.backward (retain_graph=True) # 勾配計算 (計算グラフを保持)" としてある。

　このようにして特徴抽出器としての双子ネットワークの擬似的な学習が終わったのち，その特徴ベクトルを使ってプロトタイプの学習と認識とを行う。認識対象は手書きの未知の記号とすべきである。だが，本書では簡単のためこちらも MNIST からプロトタイプを選ぶことにする。この場合，例えば MNIST からおのおのの文字のパターンを 5 個ずつプロトタイプとして学習させてから，テスト用サンプルに対する正解率を測る，という手順となる。

　ソースコード 4.11 の 47〜101 行目は，双子ネットワークのパラメータを使って，プロトタイプを記録し，文字を認識する X-shot クラスである。このクラスのコンストラクタには学習済みのニューラルネットワーク（双子ネットワークの一つ）のオブジェクトが渡される。ここで渡される learning (train_loader) は，dataloader から渡されたデータセットに対してニューラルネットワークから特徴ベクトルを取り出してプロトタイプとして保存するという単純なものである。

　ソースコード 4.11 の 191〜226 行目は GetFewShotLLData クラスである。このクラスは，Dataset のうち，それぞれのラベルのデータを指定した X 個ずつピックアップして取り出すものである。すなわち，ここから得られたデータ

をすべてプロトタイプとして保持するように学習（X-shot 学習）すればよいことになる。

4.4.4 実　　行　　例

以上のことを，つぎのように実行してみる。

1. データセット取得
2. 双子ネットワーク（パーセプトロン）のインスタンス化
3. 初期学習モードならば，双子ネットワークに初期学習させ，そのパラメータをパラメータファイルに保存。
4. そうでないならば，双子ネットワークのパラメータをパラメータファイルからロード。
5. 少ないデータ数でプロトタイプを学習。
6. 正解率計測
7. 新たなプロトタイプを追加学習
8. 正解率計測
9. 7. に戻る

本書ではこれを main クラスで記述した。ソースコード 4.12 にこの main クラスを示す。

ソースコード **4.12**　main クラス（抜粋）

```
1   class main():
2       def __init__(self, InitialLearning, parameterfilename, Iterations, Prototypes
        , NumDivision):
3           print(" main() _init_() started!")
4           self.input_size = 784
5           self.hidden_size = 100
6           self.num_classes = 50
7           self.batch_size = 50
8           self.NumberOfIterations = Iterations
9           self.NumberOfPrototypes = Prototypes
10          self.num_division = NumDivision
11          self.label_step = int(10/self.num_division)
12          print("InitialLearning=%s, parameterfilename=%s, Iterations=%s, number of
            Prototypes =%s, number of divisions=%s" \
13          %(InitialLearning, parameterfilename, self.NumberOfIterations, self.
```

```
14          NumberOfPrototypes, self.num_division))

15      ## データセット ##
16      self.test_dataset = dsets.MNIST(root='./data', train=False, transform=\
        transforms.ToTensor(), download=True)
17      test_loader = torch.utils.data.DataLoader(dataset=self.test_dataset, \
18      batch_size=self.batch_size, shuffle=True,pin_memory=False)
19      self.train_dataset = dsets.MNIST(root='./data', train=True, transform=
            transforms.ToTensor())

20
21      ## GPU もしくは CPU を自動選択 ##
22      self.device = torch.device("cuda:0" if torch.cuda.is_available() else "cpu
            ")

23
24      ## MyPerceptron のインスタンスを得る ##
25      self.model = MyPerceptron(self.hidden_size, self.num_classes,1.0, self.
            device)
26      print("network = %s" %(self.model))
27      if InitialLearning==False: # 初期学習ではない場合,指定したパラメータファイル
            を読みこむ
28          print("Parameter file is loaded")
29          self.model.load_state_dict(torch.load(parameterfilename))
30      # self.model -> device
31      self.model = self.model.to(self.device)
32      self.optimizer = torch.optim.Adagrad(self.model.parameters(True), lr=0.01)
33      if InitialLearning==True: # 初期学習モード
34          print("Initial Learning is started!")
35          # Siamese learning
36          for i in range(self.NumberOfIterations):
37              train_loader = torch.utils.data.DataLoader(dataset=self.
                    train_dataset, batch_size=10, shuffle=True,pin_memory=False)
38              totalloss = self.SiameseLearning(self.model, train_loader)
39              print("Siamese learning : %s : err=%s" %(i, totalloss))
40          # save resultant parameters for the Siamese neural network.
41          torch.save(self.model.state_dict(), parameterfilename)

42
43      xshot = XShotLearningMachine(self.model, 10, self.device)
44      NN= NearestNeighbourLearningMachine(10, self.device)

45
46      for n in range(0, self.num_division):

47
48          ## このラウンドで学習させるラベルを target_labels にセットする ##
49          targetLabels = []
50          for l in range(n*self.label_step, (n+1)*self.label_step):
51              targetLabels.append(l)
52          ## 少数ショット学習用のデータを作る ##
53          fewShotllData = GetFewShotLLData(targetLabels, self.NumberOfPrototypes
                , rootPath='./data', transform=transforms.ToTensor())
54          train_loader = torch.utils.data.DataLoader(dataset=fewShotllData,
```

```
55                   batch_size=100, shuffle=True)

56               xshot.learning(train_loader)
57               totalacc, AccMatrix, class_size = xshot.evaluation(test_loader)
58               print("----- XShotLL using Siamese Convolutional Network -----")
59               for c in range(10):
60                   print("%s : %s " %(c, (float)(AccMatrix[c][c].item()/class_size[c
                     ].item())))

62               print("----- NearestNeighbour -----")
63               NN.learning(train_loader)
64               totalacc, AccMatrix, class_size = NN.evaluation(test_loader)
65               for c in range(10):
66                   print("%s : %s " %(c, (float)(AccMatrix[c][c].item()/class_size[c
                     ].item())))

68                                   --中略--
69  if __name__ == "__main__":
70      if len(sys.argv) < 5:
71          print("Usage python3.6 fewshot.py [IntialLearning:True / False][parameter
                filename][Iterations][Prototypes][NumDivision]")
72      else:
73          print("argv[1]=%s bool=%s %s " %(sys.argv[1],strtobool(sys.argv[1]),len(
                sys.argv)))
74          MAIN = main(strtobool(sys.argv[1]), sys.argv[2], int(sys.argv[3]), int(sys
                .argv[4]), int(sys.argv[5]))
```

　それでは，いよいよソースコードを実行してみよう。コマンドラインオプショ
ンはつぎのようになる。

Usage python3.6 fewshot.py [IntialLearning:True / False]

[parameter filename][Iterations][Prototypes][NumDivision]

　一つ目は双子ニューラルネットワークの学習を行うかどうかを決めるフラグ
である。二つ目は双子ニューラルネットワークの重みパラメータファイル名を
指定するものである。一つ目のコマンドラインオプションを False とした場合
にはこのファイルのデータを読み込むが，True とした場合には双子ニューラル
ネットワークの学習後，その重みパラメータをこのファイル名で保存する。三
つ目の Iteration は双子ニューラルネットワークを学習させる場合のエポック
数である。Prototypes は 1 クラス当りに覚えるプロトタイプの最大数を指定す

る。NumDivision は追加学習を何回繰り返すかを指定する。ソースコード 4.12 にも示したように，双子ニューラルネットワークの学習をバッチサイズ 10 のミニバッチ学習とし，その他のパラメータはコマンドラインから指定する。ここでは，双子ニューラルネットワークを学習させ，その重みパラメータを test.dat に保存し，エポック数は 50 回，1 クラス当りのプロトタイプ数を 5 個，追加学習を 5 回繰り返す。この場合，つぎのように実行する。

python3.6 ./fewshot.py True test.dat 50 5 5

まずプロトタイプ数を 1 文字/クラスとした場合の双子ネットワークを使った場合と最近傍法を使った場合との比較である。追加学習の結果，どちらのケースにおいても，過去に覚えた文字の正解率に大きな変化はなく，忘却することなく新しいクラスの文字を学習できていることがわかる。双子ネットワークを使った場合には，少なくとも 0.80 以上：すなわち 80％以上の正解率が得られているのに対して，最近傍法では最低 0.27 すなわち 27％の正解率しか得られていない文字があることがわかる。これは双子ネットワークによる文字間の距離基準の学習がよく行われていることを意味している。このようなよい特徴抽出が行えれば，少ないプロトタイプ数であったとしても高い認識率が得られる。

なお，1 文字当りのプロトタイプ数が増えるとさらに性能はよくなる。また，本書ではデータセットとして MNIST（手書き数字パターン）を使用しているが，手書きのアルファベットなど別の文字のプロトタイプを追加すれば新たな文字パターンを学習することが期待できる。文献41) では，MNIST を使用して学習させた双子ネットワークを使って，未知の文字パターンを one-shot 学習させており，同じ手書き文字パターンならその人特有の書き方のばらつきを許容するように双子ネットワークが学習していれば，未知の文字であっても学習できることを示している。

◎ソースコード **4.11** の実行結果

```
  main() _init_() started!
InitialLearning=1, parameterfilename=test.dat,
Iterations=50, number of Prototypes =5, number of divisions=5
```

```
network = MyPerceptron(
  (conv1): Conv2d(1, 6, kernel_size=(5, 5), stride=(1, 1))
  (conv2): Conv2d(6, 10, kernel_size=(5, 5), stride=(1, 1))
  (fc1): Linear(in_features=160, out_features=100, bias=True)
  (fc2): Linear(in_features=100, out_features=50, bias=True)
)
Initial Learning is started!
Siamese learning : 0 : err=2565.3742013874594
Siamese learning : 1 : err=1612.3239707157602
                  --中略--
```

初回の学習後の正解率
```
----- XShotLL using Siamese Convolutional Network -----
0 : 0.9989795918367347  [双子ニューラルネットワークを使った場合]
1 : 1.0
2 : 0.0
3 : 0.0
4 : 0.0
5 : 0.0
6 : 0.0
7 : 0.0
8 : 0.0
9 : 0.0
----- NearestNeighbour -----
0 : 0.9989795918367347  [最近傍法を使った場合]
1 : 0.9964757709251101
2 : 0.0
3 : 0.0
4 : 0.0
5 : 0.0
6 : 0.0
7 : 0.0
8 : 0.0
9 : 0.0
```
2回目の追加学習後の正解率
```
----- XShotLL using Siamese Convolutional Network -----
0 : 0.9948979591836735  [双子ニューラルネットワークを使った場合]
1 : 0.9938325991189427
2 : 0.9941860465116279
3 : 0.998019801980198
4 : 0.0
5 : 0.0
6 : 0.0
7 : 0.0
8 : 0.0
```

```
9 : 0.0
----- NearestNeighbour -----
0 : 0.9561224489795919
1 : 0.9674008810572687
2 : 0.7790697674418605
3 : 0.9118811881188119
4 : 0.0
5 : 0.0
6 : 0.0
7 : 0.0
8 : 0.0
9 : 0.0
```
0 : 0.9561224489795919 [最近傍法を使った場合]

```
                              --中略--
5 回目の追加学習後の正解率
----- XShotLL using Siamese Convolutional Network -----
0 : 0.9908163265306122
1 : 0.9929515418502203
2 : 0.9903100775193798
3 : 0.9930693069306931
4 : 0.9898167006109979
5 : 0.9786995515695067
6 : 0.9864300626304802
7 : 0.9844357976653697
8 : 0.9774127310061602
9 : 0.979187314172448
----- NearestNeighbour -----
0 : 0.926530612244898
1 : 0.8678414096916299
2 : 0.6947674418604651
3 : 0.8821782178217822
4 : 0.5264765784114053
5 : 0.27802690582959644
6 : 0.7609603340292276
7 : 0.7110894941634242
8 : 0.5790554414784395
9 : 0.44202180376610506
```
0 : 0.9908163265306122 [双子ニューラルネットワークを使った場合]
0 : 0.926530612244898 [最近傍法を使った場合]

4.5　その他の手法

破滅的忘却の問題は古くから指摘されており，これを解決しようとする追加

学習手法の研究もじつのところ，古くから存在した。4.2節で紹介した再学習を行わせる手法は最も古くから存在する手法である。また，再学習に必要なデータをニューラルネットワークから生成する研究も行われていた[32]。

　破滅的忘却を抑える手法として，4.3節で紹介した手法のように変化させるパラメータを抑えるアイデアについても，じつは90年代から存在している[43]。その一方で，一つのニューロンの出力領域を狭くした radial basis function を採用することで，構造的に忘却を起こしにくい追加学習手法も精力的に研究されてきた[32],[44]~[46]。似た手法としては kernel 法[21] を使ったオンライン学習法の研究[22]~[24],[47],[48] も盛んに行われている。

　最近ではリザーバコンピューティングと呼ばれる計算方法が提案されている。この手法は4.4節で紹介した手法と似ており，リザーバと呼ばれるランダム結合をしたニューラルネットワークのモジュールによって良質な特徴抽出を行い，その特徴データを使って線形学習を行おうというものである[49]。リザーバを帰還結合をもつニューラルネットワークで構成すると，短時間ではあるものの時空間パターンの学習も可能である。線形学習機械の学習は非常に高速に行えるだけでなく，追加学習も可能である[50]。

　他にも，ディープニューラルネットワークの先駆けとなったネオコグニトロンと呼ばれる自己組織化ニューラルネットワークがある[10]。このネットワークは，おのおのの層が誤差逆伝播法ではなく，教師なし学習の一つである自己組織化を採用するニューラルネットワークである。このニューラルネットワークを使った追加的な学習法も提案されている[51]~[53]。また，似たようなアプローチとして同じく自己組織化を行うディープニューラルネットワークを使った lifelong 学習に関する研究も行われている。例えば文献20) では，おのおのの層に必要なときにニューロンを追加する自己組織化機構を取り入れることで，追加学習を可能にしている。

　興味のある読者はこれらに目を通してみてはいかがだろうか。

課　　　　　題

課題 4.1　ナイーブリハーサル法においてバッファサイズおよび 1 回当りに提示される新規サンプル数をさまざまに変更したとき，正解率がどのように変化するかを調査せよ。またドロップアウト機能を停止させたうえで，ニューラルネットワークのサイズについてもさまざまに変更して正答率を確かめよ。

課題 4.2　EWC 法では，過去のパラメータからあまり変化しないようにする正則化項が忘却抑制の役割を担う。ここで大事なのが，この正則化項の重み（式 (4.3) のパラメータ λ）である。この重みを大きくした場合の正答率と小さくした場合の正解率を調べ，ニューラルネットワークの中で何が起きているのかを推測せよ。また λ の値を適当な値に固定したうえで，ニューラルネットワークのサイズをさまざまに変更して，正解率との関係を実験して調査せよ。

課題 4.3　X-shot 学習は，非常に少ないサンプル数で学習できる学習器といえる。ただ，この方式で高い正答率を得られるようにするには，さまざまな条件が必要である。これについて考察せよ。

付録：オブジェクト指向言語Python

Python はオブジェクト指向言語の一種である。オブジェクト指向言語とは，プログラムをいわば「物」として，その性質や機能を記述するように書くためのプログラミング言語であるといえる。この文法の詳細に関してはほかの専門書に記述を譲ることとし，本書では大まかに説明を行う。

付.1　C言語 VS Python

まずは C 言語を例にとる。C 言語は非常にメジャーであり，読者の中には使用した経験のある方もおられるであろう。C 言語で，ある変数を定義するときは（ソースコード付.1）

ソースコード 付.1　変数の定義

```
1   int a;
```

と記述する。これは int(整数) 型の 'a' という変数を定義するものであり，数値を代入して一時的に記憶させることができる。以下のソースコード付.2 は値 10 を代入した後，表示するというものである。

ソースコード 付.2　値の代入と表示

```
1   a = 10;
2   printf("%d\n", a);
```

これが Python になると，C 言語における変数はインスタンスと呼ばれ，ソースコード付.3 のように生成される。

ソースコード 付.3　インスタンスの生成

```
1   a = Human(185, 56 50, 25, ''taro'')
```

インスタンスは C 言語の変数 a のように値だけが入るものではなく，値や振る舞いがメソッドとして記述される。このインスタンスが，ここでプログラミングしようとする対象「物」に相当するのである。無理やり C 言語と対応させるならば，インス

タンスは C 言語における構造体といえるだろう。上記 Human(185, 56, 50, 25) は，
a の定義をする型宣言のようなもので，厳密にはインスタンス a の初期化を行ってい
る。この 1 行で対象となる「物」がメモリ上に生成されるとイメージするとよいであ
ろう。この生成時に，この対象物の振る舞いや属性値も一緒に用意される。以下の例
では Human() つまり人間を模したインスタンスを生成するため，身長，体重，肩幅，
年齢といったセットするべき属性が引数として与えられている。ユーザはこのインス
タンスを定義するためのクラス Human() を定義するプログラミングを行う。つまり，
Python のプログラミングではクラスの定義を記述する。上記 Human を簡単に定義
すると以下のソースコード付.4 のようになる。

ソースコード 付.4　クラス Human の定義

```
1   class Human:
2    def __init__(self, weight, height, width, age, name):
3       self.weight = weight #クラス変数の定義と初期化
4       self.height = height #クラス変数の定義と初期化
5       self.width = width #クラス変数の定義と初期化
6       self.age = age #クラス変数の定義と初期化
7       self.name = name
8       self.locationx = 0
9       self.locationy = 0
10
11   def moveY(distance):
12       self.locationy += distance
13
14   def moveX(distance):
15       self.locationx += distance
```

　ここに示したソースコードのうち，2 〜 9 行目はコンストラクタと呼ばれ，このク
ラスのインスタンスを初期化する本体部分である。ここで

　　a = Human(185, 56 50, 25, 'taro')

を実行すると，2 〜 9 行目が上から順に実行される。ここに記述されてある self.weight
などはクラス変数と呼ばれ，C 言語のような型宣言なしに定義できる。self. の部分は
このクラスの変数であることを明示するものであり，クラス変数を記述するのであれ
ば，self. を忘れずに記述するべきである。
　また 11，12 行目は振る舞いを表すメソッドと呼ばれる。この部分は C 言語の関数
に相当する。しかし，これは厳密には関数と同義ではない。Python におけるメソッ
ドは，あくまでもそのインスタンスの「振る舞い」を記述するものであるのに対し，C
言語における関数は，「機能」を記述するものである。したがって，Python において

は関数（function）ではなくメソッド（method）と異なる名前で呼ばれるのである。

なお，同じことを C 言語で実現しようとするならば，それは不可能ではない。構造体を使用して記述するならば，**ソースコード付.5** のようになるであろう。

ソースコード 付.5　C 言語による構造体 Human の定義

```
1   struct Human {
2     int weight;
3     int height;
4     int width;
5     int age;
6     char *name;
7     int locationx;
8     int locationy;
9     void (* moveX)(int *x, int distance);
10    void (* moveY)(int *y, int distance);
11  };
```

このように C 言語を使用する場合には，構造体を準備するとともに，振る舞いを表すメソッドに相当する関数へのポインタとして記述しなければならない。ここだけなら Python よりシンプルに見えるが，これらを完全に動作させるには，同じインスタンスに相当する部分であるにもかかわらず必要な関数定義・変数定義が分散された場所に記述されるため，少々わかりにくくなることは否めない。例えば，taro, hanako という 2 人の人間を定義するとすれば，**ソースコード付.6** のようになる。

ソースコード 付.6　C 言語による taro, hanako の実装

```
1   #include <stdio.h>
2
3   struct Human {
4     int weight;
5     int height;
6     int width;
7     int age;
8     char *name;
9     int locationx;
10    int locationy;
11    void (* moveX)(int *x, int distance);
12    void (* moveY)(int *y, int distance);
13  };
14
15  void moveX(int *x, int distance);
16
17  int main() {
18    struct human a, b;
19    a.name = "taro";
```

```
20    a.moveX = moveX;
21    a.moveY = moveX;
22    a.locationx = 0;
23    a.weight = 59;
24    a.height = 195;
25    a.age = 29;
26    (* a.moveX)(&(a.locationx), 10);
27    printf("a.name = %s, a.weight=%d, a.height=%d, a.age=%d, a.locationx=%d\n", a.
          name, a.weight, a.height, a.age, a.locationx);
28
29    b.name = "hanako";
30    b.moveX = moveX;
31    b.moveY = moveX;
32    b.locationx = a.locationx;
33    b.weight = 56;
34    b.height = 175;
35    b.age = 29;
36    (* b.moveX)(&(b.locationx), 10);
37    printf("b.name = %s, b.weight=%d, b.height=%d, b.age=%d, b.locationx=%d\n", b.
          name, b.weight, b.height, b.age, b.locationx);
38
39  }
40  void moveX(int *x, int distance) {
41    (*x) = (*x) + distance;
42  }
```

付.2　Pythonの特徴

　このような Python のプログラミングスタイルは，対象となる物や概念を驚くほど記述しやすく，すっきりとしたわかりやすいコードを記述できることが多い。特に，自分が記述したコードを第三者が見ても理解しやすいという点は，共同プログラミングにおいてとても重宝する特徴である。

　複雑な対象物であっても，簡単に複製が可能である点も見逃せない。例えば，ソースコード付.3 の例で使用したヒトの振る舞いを模倣する Human クラスのインスタンスを複数用意することも容易である。ソースコード付.7 にその一例を示す。

ソースコード 付.7　Python による 3 人分のインスタンス

```
1  taro = Human(185, 56, 50, 25, 'taro')
2  hanako = Human(165, 48, 45, 25, 'hanako')
3  keiko = Human(160, 49, 48, 19, 'keiko')
```

この例では，3 人分のインスタンス：taro, hanako, keiko を用意している。taro, keiko と hanako は同じ Human 型で同様の性質をもつが，それぞれ独立した存在として記

述できる。つまり Human 型を一度定義しさえすればいくつでも Human 型のインスタンスを用意することができる。このようにインスタンスを用意した後，それぞれのクラス変数メソッドを参照したいときには，例えば taro.weight，taro.moveY(10) のようにインスタンスにドットをつけて，クラス変数やメソッドを記述する。このように Python はどのインスタンスに関する値やメソッドを参照するのかがわかりやすく，シンプルに記述できるうえに，同じような振る舞いをする対象をいくつも生成してコンピュータ上に表現することが非常に楽に行える。

　このような言語は，同じような構造と機能をもつ多数のニューロンを組み合わせるニューラルネットワークの構造記述に向いている。つまり，ニューロン型の変数 1 個を 1 個のニューロンとみなせばよいことになる。例えば，大規模なニューラルネットワークは，ニューロン型の変数が多数集まったものである。

付.3　Python のソースコードの実行に関わるコンストラクタの役割

　だが，クラスを定義するだけのプログラミング言語を使って，実行を伴うソースコードをどのように記述すればよいのかは，最初はなかなかイメージできない読者も多いと思われる。Python のソースコードの実行はコンストラクタとメソッドの呼び出しの組み合わせで実現されるが，この際には 3.2.2 項で説明したコンストラクタが司令塔的な役割を果たす。

　コンストラクタは，一般にはその型のオブジェクトを生成する際にそのクラス変数の初期化を行う役割をもっている。この部分は，C 言語の main() 関数のように上から下に向かって初期化処理が進む部分となっている。図 1 にその一例を示す。最初に元となるクラスのオブジェクトを生成するとそのクラスのコンストラクタが呼び出される（これをインスタンス化と呼ぶこともある）。するとそのコンストラクタの上から下に向かって処理が進むが，その中でさらに別のクラスのオブジェクトが生成されると，その別オブジェクトのコンストラクタが実行される。このように，処理の実行母体はコンストラクタであり，一旦インスタンス化されてオブジェクトが生成されると，そのオブジェクトから内部に定義されているメソッドを呼び出して実行することが可能になる。もちろん自分のクラス内に定義されたメソッドも自分から呼び出すことが可能である。例えばニューラルネットワークの場合，階層型ネットワークのインスタンス化に伴ってすべてのニューロンがインスタンス化される。その後，階層型ニューラルネットワークのオブジェクトのメソッドを呼び出すという一連の操作がコンストラクタ内部に記述されるのである。

　しかし，だとしてもその大元となるコンストラクタを呼び出す口火を切る役がどこ

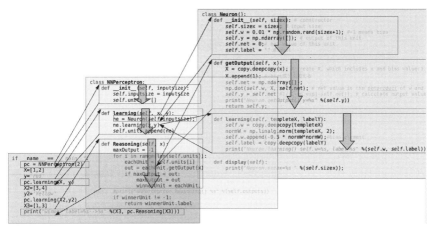

太い矢印の上から下に向かって実行が進む部分が（おもに）コンストラクタ

図 1　Python コードにおける実行処理の進む様子

かに必要である。そして，このきっかけを作り出すのが main メソッドと呼ばれる部分なのだ。このように main メソッドから始まり，つぎつぎとコンストラクタが呼び出されることで実行処理が行われていくのである。プログラミングに際しては，この実行処理の様子を頭の中でイメージしながら，要件を満たす動作を実現できるように，複数のクラスの構造とそれらの連携方法をデザインしていくことが望ましい。

引用・参考文献

1) 馬場口登, 山田誠二：人工知能の基礎, 昭晃堂 (1999)
2) Winston, P.H.：Artificial Intelligence (3rd Edition), Addison-Wesley Publishing Company (Jun. 1992)
3) Charniak, E., Mcdermott, D.：Introduction to Artificial Intelligence, Addison-Wesley Publishing Company (Jan. 1986)
4) Goldstine, H.H.：The computer from Pascal to von Neumann (1993)
5) Brownston, L., Farrell, R., Kant, E. and Martin, N.：Programming expert systems in OPS5, OSTI.GOV U.S. Department of Energy Office of Scientific and Technical Information (Jan. 1985)
6) 臼井支朗 編, 甘利俊一 監修：ニューロインフォマティックス, オーム社 (2006)
7) Tanaka, K.：Neural mechanisms of object recognition, Sciense, **262**, 5134, pp.685~688 (Oct. 1993)
8) Hodgkin, A.L. and Huxley, A.F.：A quantitative description of membrane current and its application to conduction and excitation in nerve, Journal of Physiology, **117**, 4, pp.500~544 (Aug. 1952)
9) Rosenblatt, F.：The perceptron: A probabilistic model for information storage and organization in the brain, Psychological Review, **65**, 6, pp.386~408 (Nov. 1958)
10) Fukushima, K.：Neocognitron: A self-organizing neural network model for a mechanism of pattern recognition unaffected by shift in position, Biological Cybernetics, **36**, 4, pp.193~202 (Apr. 1980)
11) Hopfield, J.J.：Pattern recognition computation using action potential timing for stimulus representation, Nature, **376**, 6, pp.33~35 (July 1995)
12) 福島邦彦：神経回路と情報処理, 朝倉書店 (1989)
13) Nilsson, N.J.：Learning Machines –Fundation of trainable pattern-classifying systems–, McGraw-Hill Companies (1965)
14) Mosier, C.I.：Problems and designs of cross-validation, Educational and Psychological Measurement, **11**, 1, pp.5~11 (Apr. 1951)
15) Watanabe, S.：Asymptotic equivalence of bayes cross validation and widely applicable information criterion in singular learning theory, Journal of Machine Learning Research, **11**, 116, pp.3571~3594 (Dec. 2010)
16) Srivastava, N., Krizhevsky, A., Sutskever, I., and Salakhutdinov, R.：Dropout: A simple way to prevent neural networks from overfitting, Journal

of Machine Learning Research, **15**, pp.1929〜1958 (Jun. 2014)

17) Krizhevsky, A., Sutskever, I. and Hinton, G.E.：Imagenet classification with deep convolutional neural networks, Advances in Neural Information Processing Systems, 25, pp.1097〜1105 (2012)

18) 田代嘉宏：テンソル解析, 裳華房 (2015)

19) Parisi, G.I., Kemker, R., Part, J.L., Kanan, C. and Wermter, S.：Continual lifelong learning with neural networks: A review, Neural Networks, **113**, pp.51〜71 (May. 2019)

20) Parisi, G.I., Tani, J., Weber, C. and Wermter, S.：Lifelong learning of human actions with deep neural network, Neural Networks, **96**, pp.137〜149 (Dec. 2017)

21) 福水健次：カーネル法入門, 朝倉書店 (2010)

22) Kivinen, J., Smola, A.J. and Williamson, R.C.：Online Learning with Kernels, IEEE Transaction of Signal Processing, **52**, 8, pp.2165〜2176 (Aug. 2004)

23) Dekel, O., Shalev-Shwartz, S. and Singer, Y.：The Forgetron: A Kernel-Based Perceptron on a Budget, SIAM Journal on Computing (SICOMP), **37**, 5, pp.1342〜1372 (Jan. 2008)

24) He, W. and Wu, S.：A kernel-based Perceptron with dynamic memory, Neural Networks, **25**, pp.105〜113 (2012)

25) Yamakawa, H., Masumoto, D., Kimoto, T. and Nagata, S.：Active data selection and subsequent revision for sequential learning with neural networks, World congress of neural networks (WCNN'94), **3**, pp.661〜666 (1994)

26) Hsu, Y.C., Liu, Y.C., Ramasamy, A. and Kira, Z.：Re-evaluating continual learning scenarios: A categorization and case for strong baselines, Advances in Neural Information Processing Systems, 31 (2018)

27) 熊谷　亘：汎用性の獲得に向けた機械学習フレームワーク, 人工知能学会誌, **34**, 5, pp.720〜727 (Sep. 2019)

28) McClelland, J.L., O'Reilly, R.C. and McNaughton, B.L.：Why there are complementary learning systems in the hippocampus and neocortex: Insights from the successes and failures of connectionist models of learning and memory, Psychological Review, **102**, 3, pp.419〜457 (Jul. 1995)

29) Nadasdy, Z., Hirase, H., Czurko, A., Csicsvari, J. and Buzsaki, G.：Replay and time compression of recurring spike sequences in the hippocampus, The Journal of Neuroscience, **19**, 21, pp.9497〜9507 (Nov. 1999)

30) Luie, K. and Wilson, M.A.：Temporally structured replay of awake hippocampal ensemble activity during rapid eye movement sleep, Neuron, **29**,

1, pp.145～156 (Jan. 2001)

31) French, R.M.：Pseudo-recurrent connectionist networks: An approach to the "sensitivity stability" dilemma, Connection Science, **9**, 4, pp.353～379 (Dec. 1997)

32) Yamauchi, K., Yamaguchi, N. and Ishii, N.：Incremental learning methods with retrieving interfered patterns, IEEE TRANSACTIONS ON NEURAL NETWORKS, **10**, 6, pp.1351～1365 (Nov. 1999)

33) Shin, H., Lee, J.K., Kim, J. and Kim, J.：Continual learning with deep generative replay, Advances in Neural Information Processing Systems, 31, (2018)

34) Lesort, T., Gepperth, A., Stoian, A. and Filliat, D.：Marginal replay vs conditional replay for continual learning, Artificial Neural Networks and Machine Learning – ICANN2019, volume LNCS 11728, pp.466～480 (Sep. 2019)

35) Rusu, A.A., Rabinowitz, N.C., Desjardins, G., Soyer, H., Kirkpatrick, J., Kavukcuoglu, K., Pascanu, R. and Hadsell, R.：Progressive neural networks, Cornell University Library (2016)

36) Kirkpatrick, J., Pascanu, R., Rabinowitz, N., Veness, J., Desjardins, G., Rusu, A.A., Milan, K., Quan, J. and Ramalho, T.：Overcoming catastrophic forgetting in neural networks, Proceeding of the National Acacemy of United States of America, **114**, 13, pp.3521～3526 (Mar. 2017)

37) Bishop, C.M.：Neural Networks for Pattern Recognition, Chapter 10: Bayesian Techniques, OXFORD University Press (1995)

38) Ritter, H., Botev, A. and Barber, D.：Online structured laplace approximations for overcoming catastrophic forgetting, Advances in Neural Information Processing Systems, 31, pp.3738～3748 (2018)

39) Baldi, P. and Chauvin, Y.：Neural networks for fingerprint recognition, Neural Computation, **5**, 3, pp.402～418 (May. 1993)

40) Bromley, J., Guyon, I., LeCun, Y., Säckinger, E. and Shah, R.：Signature Verification using a "Siamese" Time Delay Neural Network, International Journal of Pattern Recognition and Artificial Intelligence, **7**, 4, pp.669～688 (1993)

41) Koch, G., Zemel, R. and Salakhutdinov, R.：Siamese neural networks for one-shot image recognition, Proceedings of the 32nd International Conference on Machine Learning, **37** (2015)

42) Hadsell, R., Chopra, S. and LeCun, Y.：Dimensionality Reduction by Learning an Invariant Mapping, 2006 IEEE Computer Society Conference on Computer Vision and Pattern Recognition (CVPR 2006), 17–22 June 2006, New

York, NY, USA, The Institute of Electrical and Electronics Engineers, Inc. New York, New York, pp.1735~1742 (2006)

43) 篠沢一彦, 下原勝憲, 曽根原登, 徳永幸生：ヘシアン行列を用いた忘却抑制法, 電子情報通信学会論文誌, J82-D2, 7, pp.1190~1198 (Jul. 1999)

44) Shinozawa, K. and Shimohara, K.：A method for reducing the forgetfulness of incremental learning, Progress in Connectionist-Based Information Systems Proceedings of the 1997 International Conference on Neural Information Processing and Intelligent Information Systems, pp.296~299 (1997)

45) Ozawa, S., Toh, S.L., Abe, S., Pang, S. and Kasabov, N.：Incremental learning of feature space and classifier for face recognition, Neural Networks, **18**, 5–6, pp.575~584 (Jul–Aug. 2005)

46) Ozawa, S. and Okamoto, K.：An incremental learning algorithm for resource allocating networks based on local linear regression, Neural Information Processing, 16th International Conference, ICONIP 2009, Bangkok, Thailand, December 1–5, 2009, Proceedings Part I, LNCS5863, pp.562~569 (Dec. 2009)

47) Orabona, F., Keshet, J. and Caputo, B.：The Projectron: a Bounded Kernel-Based Perceptron, ICML2008, pp.720~727 (2008)

48) Yamauchi, K.：Incremental learning on a budget and its application to quick maximum power point tracking of photovoltaic systems, Journal of Advanced Computational Intelligence and Intelligent Informatics, **18**, 4, pp.682~696 (2014)

49) Tanaka, G., Yamane, T., Héroux, J.B., Nakane, R., Kanazawa, N., Takeda, S., Numata, H., Nakanoc, D. and Hirose, A.：Recent advances in physical reservoir computing: A review, Neural Networks, **115**, pp.100~123 (Jul. 2019)

50) Ando, K. and Yamauchi, K.：One-pass incremental-learning of temporal patterns with a bounded memory constraint, Proceedings ITISE 2018. Granada, 19–21, **3**, pp.1253~1264 (Sep. 2018)

51) Fukushima, K.：Neocognitron capable of incremental learning, International Conference on Neural Information Processing ICONIP2002 (Nov. 2002)

52) Fukushima, K.：Neocognitron capable of incremental learning, Neural Networks, **17**, 1, pp.37~46 (Jan. 2004)

53) Fukushima, K.：One-shot learning with feedback for multi-layered convolutional network, Artificial Neural Networks and Machine Learning – ICANN 2014, 24th International Conference on Artificial Neural Networks, Hamburg, Germany, September 15-19, 2014. Proceedings, pp.291~298 (2014)

課 題 解 答 例

2 章

【課題 2.1】 図 2.4 においてベイズ境界 x_b よりも少し大きい x を識別境界として選んだとすると，つぎの**解図 2.1** のようになる。この中の斜線とドットで塗りつぶした部分が境界線として x_b の点を採用した場合の誤り率を表す。これに対して，x_b より少し大きな位置 X に境界線をもってくると，さらに誤り率が増える部分が生ずることがわかる。このような現象は，境界線を x_b よりも少し小さくした場合においても同様に生じることから，x_b から少しずれた位置に境界線をもってくると必ず誤り率が増加することがわかる。

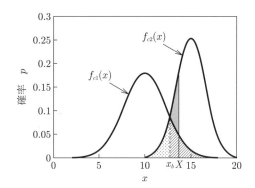

解図 2.1 識別境界をベイズ境界からずらした場合の例

【課題 2.2】 ソースコード **A.1** に解答を示す。

ソースコード **A.1** k-近傍法の Python ソースコードの一例

```
1   import numpy as np
2
3   class kNearestNeighbors():
4     ##コンストラクタ  sizex, sizey は入力ベクトルと出力ベクトルの次元数##
5     def __init__(self, sizex, sizey, k):
6       self.sizex = sizex
7       self.k = k
8       self.sizeLabel = sizey
```

```
 9        self.bufferx = []
10        self.buffery = []
11        self.knnIndex = []
12
13    ##学習  x,y は入力ベクトルと，ラベル ##
14    def learning(self, x, y):
15        self.bufferx.append(x)
16        self.buffery.append(y)
17        print("NearestNeighbours.learning() self.bufferx=%s" %(self.bufferx))
18        print("NearestNeighbours.learning() self.buffery=%s" %(self.buffery))
19
20    ##推論  x のラベルを推定する ##
21    def getOutput(self, x):
22        X = np.array(x)
23        for i in range(len(self.bufferx)):
24            X2 = self.bufferx[i]
25            each_dist = np.linalg.norm(X-X2, 2)
26            D = [i, each_dist]
27            if len(self.knnIndex)<self.k:
28                self.knnIndex.append(D)
29                print("append")
30            else:
31                print("replace")
32                maxDistance = -1.0
33                targetIndex = -1
34                for j in range(self.k):
35                    d = self.knnIndex[j]
36                    if maxDistance < d[1]:
37                        maxDistance = d[1]
38                        targetIndex = j
39                if D[1]<maxDistance:
40                    self.knnIndex[targetIndex] = D
41
42        ## 投票 ##
43        print("max(self.buffery)=%s" %(max(self.buffery)))
44        labels = np.zeros(max(self.buffery))
45        print(len(labels))
46        for d in self.knnIndex:
47            labels[self.buffery[d[0]]-1] += 1
48        print("labels=%s" %(labels))
49        return np.argmax(labels)+1
50
51
52 if __name__ == "__main__":
53    nn = kNearestNeighbors(2,1,3)
54    x = [0,1]
55    nn.learning(x, 2)
56    x = [0,0.9]
57    nn.learning(x, 2)
```

```
58    x = [1,0]
59    nn.learning(x, 3)
60    x = [0.9,0]
61    nn.learning(x, 3)
62    x = [0,0]
63    nn.learning(x, 4)
64    x = [1,1]
65    nn.learning(x, 5)
66    y= nn.getOutput([0,0.3])
67    print("answer", y)
```

【課題 2.3】 $i^* = \arg\min_{j \in S} \|\boldsymbol{x}_j - \boldsymbol{x}\|^2$

の右辺を考える。これを書き換えると

$$\|\boldsymbol{x}_j\|^2 - 2\boldsymbol{x}_j^{\mathrm{T}}\boldsymbol{x}_j + \|\boldsymbol{x}\|^2$$

と表せる。この最小値を求める場合，第 3 項目の $\|\boldsymbol{x}\|^2$ はすべての j に共通な項となるため，大小関係の比較には不要である。そこでこの展開式から第 3 項目を取り除き，-1 を掛けたものを $g_j(\boldsymbol{x})$ とおく。

$$g_j(\boldsymbol{x}) \equiv \boldsymbol{X}^{\mathrm{T}}\boldsymbol{x}_j - \|\boldsymbol{x}_j\|^2/2$$

このようにすると $i^* = \arg\max_j g_j(\boldsymbol{x})$ となる。ここで $\boldsymbol{W} = \boldsymbol{x}_j$, $b = -\|\boldsymbol{x}_j\|^2/2$ とおけば

$$g_j(\boldsymbol{x}) \equiv b_j + \boldsymbol{W}_j^{\mathrm{T}}\boldsymbol{x}$$

となる。

【課題 2.4】 二つのプロトタイプベクトル $\boldsymbol{x}_1 \in C_1$ と $\boldsymbol{x}_2 \in C_2$ の識別境界面は必ずこの二つのプロトタイプの中間点

$$\frac{\boldsymbol{x}_1 + \boldsymbol{x}_2}{2}$$

を通る平面である。この平面上の任意の点 $\boldsymbol{x}$ と，この中間点を結ぶベクトルは法線ベクトル $\boldsymbol{x}_1 - \boldsymbol{x}_2$ と直行する。このことを考慮すると

$$(\boldsymbol{x}_1 - \boldsymbol{x}_2)^{\mathrm{T}}\left(\boldsymbol{x} - \frac{\boldsymbol{x}_1 + \boldsymbol{x}_2}{2}\right) = 0$$

を満たす点 $\boldsymbol{x}$ の集合が識別境界面である。

3 章

【課題 3.1】　$L(\boldsymbol{\theta} + \Delta, \chi) \simeq L(\boldsymbol{\theta}(t-1), \chi) + \Delta^{\mathrm{T}} \nabla_\theta L(\boldsymbol{\theta}, \chi)|_{\theta(t-1)}$

である。Δ について，その方向だけを議論するため，その長さによる影響をなくすため Δ を $\|\hat{\Delta}\| = 1$ となる $\hat{\Delta}$ に置き換えて考える。右辺第 2 項は，$\hat{\Delta}^{\mathrm{T}} \nabla_\theta L(\boldsymbol{\theta}, \chi)|_{\theta(t-1)} = \|\nabla_\theta L(\boldsymbol{\theta}, \chi)|_{\theta(t-1)}\| \cos\phi$ と書き直すことができる。すると，$L(\boldsymbol{\theta} + \hat{\Delta}, \chi)$ が最小となる $\hat{\Delta}$ は，$\cos\phi = -1$ となるときなので，$\phi = \pi$ である。すなわち，$\nabla_\theta L(\boldsymbol{\theta}, \chi)|_{\theta(t-1)}$ と平行かつ方向が逆となるときである。

【課題 3.2】　$\delta_j^{(1)} = net_j(1 - net_j) \sum_i w_{ij}^{(2)} \delta_i^{(2)}$ なので $\delta_j^{(1)} = net_j(1 - net_j) \times \sum_i w_{ij}^{(2)} net_i(1 - net_i)(y_t - f[net_i])$

【課題 3.3】　$\boldsymbol{\theta}(t) = \boldsymbol{\theta}(t-1) - \eta \nabla_\theta l(\boldsymbol{\theta}, \boldsymbol{x}_p, \boldsymbol{y}_p)|_{\theta(t-1)}$

　すべてのサンプルで更新を繰り返したとする。η が十分に小さいとすると一度に更新されるパラメータは十分に小さいと考えられる。するとすべてのサンプル $p = 1$ から $p = N$ までを更新に使ったとすると，近似的に

$$\boldsymbol{\theta}(N) \simeq \boldsymbol{\theta}(0) - \eta \sum_{p=1}^{N} \nabla_\theta l(\boldsymbol{\theta}, \boldsymbol{x}_p, \boldsymbol{y}_p)|_{\boldsymbol{\theta}(0)}$$

と表せる。この第 2 項目は

$$L(\boldsymbol{\theta}, \chi) = \sum_{p=1}^{N} l(\boldsymbol{\theta}, \boldsymbol{x}_p, \boldsymbol{y}_p)$$

であることを踏まえると，オフライン学習における

$$\boldsymbol{\theta}(1) = \boldsymbol{\theta}(0) - \eta \nabla_\theta L(\boldsymbol{\theta}, \chi)|_{\boldsymbol{\theta}(0)}$$

とほぼ同じである。

【課題 3.4】　サンプル集合 $\chi = \{(\boldsymbol{x}_t, y_t)\}_{t=1}^{N}$ のそれぞれがほかとは独立に発生するので，尤度は

$$l(\chi) = \prod_{t=1}^{N} p(y_t | \boldsymbol{x}_t)$$

で表される。両辺の対数をとって，対数尤度で表すと

$$L(\chi) = \log \prod_{t=1}^{N} p(y_t | \boldsymbol{x}_t) = \sum_{t=1}^{N} \log p(y_t | \boldsymbol{x}_t) = -\sum_{t=1}^{N} \frac{(y_t - y_\theta[\boldsymbol{x}])^2}{2\sigma^2} + N \log \gamma$$

で表される。θ を含む項に着目すれば二乗誤差に等しい。

【課題 3.5】　ソースコード **A.2** に main.evaluation() の例を示す。ただし class main() の中で定義するものとする。

ソースコード **A.2**　main.evaluation() の例

```
1    def evaluation(self, data_loader):
2        totalacc = 0
3        each_acc = torch.zeros([self.num_classes,self.num_classes]) #認識結果
4        class_size = torch.zeros([self.num_classes]) #各クラスのデータ数
5        for index, (images, labels) in enumerate(data_loader):
6            images = images.view(-1, 28*28)
7            outputs = self.model(images) #出力を計算する（chunk の個数分）
8            outputs = outputs.to(self.device) #出力を計算デバイスに移動
9            labels = labels.to(self.device) #ラベル情報も計算デバイスに移動
10           acc = (self.getLabel(outputs)==labels).sum() #正解数を数える
11           actuallabels = self.getLabel(outputs) #パーセプトロンの識別結果
12           ##識別結果の表を作成##
13           for p in range(len(labels)):
14               each_acc[labels[p].item()][actuallabels[p].item()] += 1
15               class_size[labels[p].item()] += 1
16           totalacc += acc.item();
17       return totalacc, each_acc, class_size
```

コード A.2 を使っておのおのの文字が各文字を何と認識したかの情報を each_acc[][] に累積する。あとはこの配列に貯められたデータを認識率に変換する。例えば，以下の部分を main() の 100 エポックの学習が終了した後に実行する。

```
1        self.test_dataset = dsets.MNIST(root='./data', train=False, \
2        transform=transforms.ToTensor())
3        test_loader = torch.utils.data.DataLoader(dataset=self.test_dataset,
4                                        batch_size=10000, shuffle=False)
5        testerr, AccMatrix, class_size = self.evaluation(test_loader)
6        print("Accuracy matrix = %s" %(AccMatrix))
7        for c in range(10):
8            print("%s : %s " %(c, (float)(AccMatrix[c][c].item()/class_size[c].
                item())))
```

【課題 3.6】　課題 3.5 で得たソースコードが，ドロップアウト法が適用できるようにすることに加え，そのドロップアウト機能の on/off が制御できる仕組みが必要である。まず class MyPerceptron() については，以下のように改変する必要があろう（ソースコード **A.3**，□部分）。

ソースコード **A.3**　class MyPerceptron() の改変例

```
1   class MyPerceptron(nn.Module):
2       def __init__(self, input_size, hidden_size, num_classes):
```

```
3          super(MyPerceptron, self).__init__()
4          self.fc1 = nn.Linear(input_size, hidden_size)
5          self.fc2 = nn.Linear(hidden_size, hidden_size)
6          self.fc3 = nn.Linear(hidden_size, num_classes)
7          self.dropout = nn.Dropout(p=0.4)   ←| 例えばドロップアウト 40%に設定 |
8
9      def forward(self, x): #出力計算メソッド定義
10         out = self.fc1(x) #1層目のnet 値計算
11         out = self.dropout(out)  ←| 1 層目ドロップアウト |
12         out = F.relu(out) #1層目の活性化関数
13         out = self.fc2(out) #2層目のnet 値計算
14         out = self.dropout(out)  ←| 2 層目ドロップアウト |
15         out = F.relu(out) #2層目の活性化関数
16         out = self.fc3(out) #3層目のnet 値計算
17         return out #3層目の活性化関数を線形関数とする
```

class main() では，学習を 100 エポック繰り返すところで，以下のいずれかを有効にする。またメソッド evaluation() の中ではドロップアウトを無効にしなければ正確な評価はできない（ソースコード **A.4**）。

ソースコード A.4　class main() の改変例

```
1          self.model.train()   ←| ドロップアウトを有効にする場合 |
2          self.model.eval()    ←| ドロップアウトを無効にしたい場合 |
3          for i in range(100): #100エポック繰り返す
4              以降学習を実行する部分
5                          --中略--
6          def evaluation(self, dataloader)
7              self.model.eval.()   ←| ドロップアウトを無効にする |
8                          --後略--
```

4 章

【課題 4.1】　読者の設定する条件によって大きく変動するが，おおむねつぎのことが予想される。バッファサイズが小さすぎると忘却が大きくなって正答率が下がり，バッファサイズが大きすぎると，正答率が高くなるが学習時間が非常に長くなる。また，ニューラルネットワークのサイズを変更したとき，ニューラルネットワークのパラメータの数よりもバッファの大きさが小さい場合には過学習が発生し，性能劣化が起きる可能性がある。

【課題 4.2】　正解率を調べるとつぎのことがわかる。λ を非常に大きくすると忘却は防ぐことが可能だが，新しいサンプルの学習が阻害される。逆に小さくすると新しいサンプルの学習は可能だが，忘却を起こす。これは λ を小さくすると，過去の記憶を担う重要なパラメータであっても新規サンプルの追加学習によって変化しやすくなるからだと推測できる。また，ニューラルネットワークのパラメータを少なくすると λ の

値にかかわらず，忘却を起こすケースが多くなると予想される。逆にニューラルネットワークのサイズを大きくすると，新しいサンプルに対して対応できるパラメータが増えるため忘却を起こしにくくなると予想される。

【課題 4.3】　双子ニューラルネットワークが，X-shot 学習で学習しようとするタスクの特徴をよくとらえていなければ当然ながら高い認識率は得られない。そのため新しく解決しようとするタスクと，双子ニューラルネットワーク学習に使用するデータセットとの間には少なくとも何らかの共通点が必要である。例えば手書き文字からのキャラクターコードの推定では，双子ニューラルネットワークに手書きの数字とその数字のクラス間の特徴を学習させたとすると，この双子ニューラルネットワークを使って手書きアルファベットの X-shot 学習に活用できるかもしれない。

　また，双子ニューラルネットワークから抽出する特徴ベクトルの次元数にも注意を払う必要がある。入力次元よりも多すぎる次元数を選べば当然ながら冗長な可変パラメータの数を増やすことになり汎化能力の低下を招くであろう。しかし逆に少なすぎると，高次元の入力で少なすぎる空間への強制的な射影をすることになり，こちらも X-shot 学習の結果に悪影響を与えかねない。ほどよい特徴次元数を選択する必要があると考えられる。

お わ り に

　本書はニューラルネットワークの仕組みを解説するとともに，Python を使ったプログラミング手法を解説した。さらに，Python 上で構築されているライブラリ：PyTorch を使って，各種追加学習手法について代表的な三つの手法の構築を行った。なお，本書で紹介したソースコードは，筆者が構築したものであり，ほんの一例に過ぎない。さらに実行効率のよいコードも十分にありえるので，後は読者自ら工夫し改良して頂ければと思う。

　これらの手法はいまだ発展途上にあり，今後さらなる優秀な手法が提案されていくことであろう。読者の中から新たな手法を提案する研究者が現れたならこのうえない喜びである。

　また，本書で使用したライブラリ PyTorch は日々更新されていくと考えられる。読者の皆さんにはその最新事情をつねに把握し，自らそれに追従していく必要があると考える。

　本書で作成したプログラムソースについては，コロナ社の本書の書籍詳細ページ（https://www.coronasha.co.jp/np/isbn/9784339029116/，本書カバーそでに QR コードあり）にて公開されているので参考にされたい。

謝辞　本書の執筆にあたって多くの助言をいただいたコロナ社に感謝の意を表明します。また，私がプログラミングした Python コードの重大なバグを発見してくれた中部大学工学部の大学院生若原 涼君，および Indian Institute of Technology Guwahati からのインターンシップ生 Abhilash Reddy 君に感謝します。

索　引

―― 著 者 略 歴 ――

1989年　名古屋工業大学工学部電気情報学科卒業
1991年　名古屋工業大学大学院工学研究科博士前期課程修了（電気情報工学専攻）
1994年　大阪大学大学院基礎工学研究科博士後期課程修了（生物工学専攻）
　　　　博士（工学）
1994年　名古屋工業大学助手
2000年　北海道大学大学院助教授
2006年　北海道大学大学院准教授
2009年　中部大学教授
　　　　現在に至る

作って学ぶニューラルネットワーク
―― 機械学習の基礎から追加学習まで ――
Neural Network to Learn through Programming

2020 年 10 月 13 日　初版第 1 刷発行　　　　　　　　　　　　　★

検印省略

著　　者　山　内　　康　一　郎
発 行 者　株式会社　　コ　ロ　ナ　社
　　　　　代 表 者　　牛　来　真　也
印 刷 所　三 美 印 刷 株 式 会 社
製 本 所　有限会社　　愛 千 製 本 所

112–0011　東京都文京区千石 4–46–10
発 行 所　株式会社　コ　ロ　ナ　社
CORONA PUBLISHING CO., LTD.
Tokyo Japan
振替 00140–8–14844・電話(03)3941–3131(代)
ホームページ　https://www.coronasha.co.jp

ISBN 978–4–339–02911–6　C3055　Printed in Japan　　　　（柏原）